中外环境空气质量标准手册

HANDBOOK OF CHINESE AND FOREIGN ENVIRONMENTAL AIR QUALITY STANDARDS

王宗爽　谭玉菲／编著

中国环境出版集团·北京

图书在版编目（CIP）数据

中外环境空气质量标准手册 / 王宗爽，谭玉菲编著 . —北京：中国环境出版集团，2023.6

ISBN 978-7-5111-5483-5

Ⅰ. ①中… Ⅱ. ①中… ②谭… Ⅲ. ①空气质量标准—世界—手册 Ⅳ. ① X-651

中国国家版本馆 CIP 数据核字（2023）第 052190 号

出 版 人 武德凯
责任编辑 曲　婷
封面设计 彭　杉

出版发行 中国环境出版集团
（100062　北京市东城区广渠门内大街 16 号）
网　　址：http://www.cesp.com.cn.
电子邮箱：bjgl@cesp.com.cn.
联系电话：010-67112765（编辑管理部）
010-67112736（第五分社）
发行热线：010-67125803，010-67113405（传真）

印　　刷 玖龙（天津）印刷有限公司
经　　销 各地新华书店
版　　次 2023 年 6 月第 1 版
印　　次 2023 年 6 月第 1 次印刷
开　　本 787 × 1092　1/16
印　　张 13.75
字　　数 207 千字
定　　价 60.00 元

编写委员会

主　编　王宗爽　谭玉菲

副主编　郭　敏　武雪芳

编　委（按姓氏拼音排序）

常　明　车　飞　段　练　段小丽

冯　霄　顾婉颖　顾闫悦　郭　敏

郭士旺　和金梅　江　梅　刘　潋

刘世铮　孙欣然　谭玉菲　王胜利

王宗爽　吴伟业　武雪芳　徐　舒

闫　函　张新民　赵国华　郑锦怡

周　浩

前 言

当前，我国经济社会已经进入新发展阶段。新发展阶段必须坚持新发展理念，构建新发展格局，在实现我国经济社会绿色高质量发展的同时，还要为全球生态文明建设贡献智慧和提供解决方案。习近平总书记说过，标准已成为世界“通用语言”，因而学习和研究各国的生态环境标准对于更加科学地推动我国乃至世界的绿色发展具有重要的基础性作用。

环境空气质量标准是生态环境标准的重要组成部分，是为保护生态环境、人体健康和社会物质财富，促进生态良性循环，限制环境空气中的有害物质和因素的允许含量而制定的环境标准，是环境空气质量管理的出发点和落脚点，对于推动经济、社会绿色高质量发展具有重要作用。

自 20 世纪 70 年代以来，世界主要国家和地区均基于各国的实际情况，在空气质量基准研究成果的基础上，制定了环境空气质量标准，不断推动各国环境空气质量的持续改善。

为方便读者了解和学习各国的环境空气质量标准情况，本书编委结合自己多年积累的研究成果，在全面收集世界各国的环境空气质量标准的基础上编写了本书。内容包括 69 个国家、地区和国际组织的环境空气质量标准的发展历程、制定程序，以及环境空气质量标准的定位、作用、污染物项目、浓度限值、达标判定要求等。本书可以帮助读者从全球视角了解各国的环境空气质量标准情况。

本书由王宗爽、谭玉菲主编，郭敏、武雪芳副主编。全书共分为三个部分。

第一部分主要由徐舒、王胜利、车飞、张新民、段小丽完成。

第二部分主要由赵国华、吴伟业、刘世铮、冯霄、江梅、常明、刘潋完成。

第三部分主要由顾闫悦、闫函、郭士旺、和金梅、段练、郑锦怡、顾婉颖、周浩、孙欣然完成。

本书出版和前期研究得到以下项目联合资助：

国家重点研发计划“重点工业源大气污染物排放标准评估与制修订关键技术方法体系研究”（2016YFC0208100）；

国家重点研发计划“大气臭氧健康风险评估与关键标准研究”（2020YFC1806303）；

国家重点研发计划“环境空气质量标准实施评估技术方法研究”（2022YFC3703001）。

希望本书能够为全国生态环境管理科研工作者以及公共环境卫生科研工作者提供帮助。在此，特别感谢本书编委的辛勤劳动！同时，对于本书在使用过程中发现的问题，将在下一版中予以修正。

编　者

2021 年 1 月

目　录

第一部分

环境空气质量标准概述

一、环境空气质量标准基本概念

（一）环境空气质量标准

生态环境保护标准是指为了防治环境污染，保护人体健康、社会财富和维持生态平衡，对环境质量要求、污染源排放限制、环境监测等生态环境保护工作中需要统一的技术要求，依据法定程序制定的各类技术性规范文件的总称。生态环境保护标准是国家生态环境保护法律体系的重要组成部分，在环境管理中具有重要作用，具有公益性、强制性、技术性和科学性 4 个特点。生态环境保护标准主要包括生态环境质量标准、生态环境风险管控标准、污染物排放（控制）标准、生态环境监测标准、生态环境基础标准和生态环境管理技术规范等。

环境空气质量标准是为保护自然环境、人体健康和社会物质财富，促进生态良性循环，限制大气环境中的有害物质和因素在一定时间和空间内的允许含量而制定的环境标准。环境空气质量标准是环境空气质量管理的出发点和落脚点，对于推动经济、社会绿色高质量发展具有重要作用。

自 20 世纪 70 年代以来，世界各主要国家、地区和国际组织均针对各国的实际情况在空气质量基准研究成果的基础上，制定并修订了其环境空气质量标准。

（二）大气污染物环境基准

大气污染物环境基准是指在一定时期内，大气环境中污染物对人或其他生物或社会物质财富等特定对象不产生有害影响的最大限值。

大气污染物环境基准具有科学性和动态性，是制（修）订环境空气质量标准的科学基础。大气污染物环境基准主要是在一定时期内，依据特定对象在环境介质中的暴露数据，以及与环境要素的剂量效应关系，通过科学判断得出的数据，反映了环境化学、毒理学、生态学、流行病学、生物学和风险评估等前沿学科领域的最新科研成果。基准并不考虑大气环境达到此限值或浓度的经济效应或技术可行性，不具有法律效力。

目前我国主要参考世界卫生组织（World Health Organization，WHO）的大气污染物环境基准，即空气质量准则。

WHO 准则值（Guideline Value，GV）是根据最新的科学研究结果，从保护人体健康或生态环境出发所提出的指导值。低于准则值或在一定的平均时间内，不会造成明显危害健康的污染水平，如果短期内超出了准则值，并不意味着一定会出现负面影响；即使达到了准则值，也不一定就完全没有危害。准则值并不是标准值，未考虑技术、经济、人文、政治等因素，仅为各国政府部门制定环境政策提供背景信息。把准则转变为标准，还须考虑各国社会、经济、文化等条件以及技术可行性和减排策略等各方面因素。

二、环境空气质量标准的法律地位与作用

（一）法律地位

在各国法律法规体系中，环境空气质量标准均具有明确的法律地位。美国环境标准的法律渊源主要为国会通过的法案，该法案明确规定了环境保护部门［美国国家环境保护局（USEPA）及各州 EPA］的权限，在法律的授权下制定联邦条例（或者叫部门规章，主要是由 USEPA 发布的）以及各州的条例，包括环境质量标准和污染物排放标准。《清洁空气法》（Clean Air Act，CAA）授权 USEPA 制定发布国家环境空气质量标准，其中，国家环境空气质量标准列在《联邦条例典》40CFR50 部分。虽然美国对于环境质量的条例采用了“标准”（standards）的称谓，但它和通常意义上“标准”的内涵显著不同，属于技术性法规范畴，要求各州、各地区达到“标准”。

在中国，大气污染防治法及历次的修订案中，均明确要求国务院生态环境主管部门制定国家环境空气质量标准。在 2015 年的修订案中，明确规定国务院生态环境主管部门或者省、自治区、直辖市人民政府制定大气环境质量标准，应当以保障公众健康和保护生态环境为宗旨，与经济社会发展相适应，做到科学合理。根据《中华人民共和国环境保护法》和大气污染防治相关法

律的要求，中国自 1983 年第一次发布实施环境空气质量标准以来，经历了两次修订，均采用国家强制标准的形式实施。

（二）作用

环境空气质量标准的核心作用就是作为法定的目标依据，推动污染减排，改善环境空气质量，从而保护公众健康和社会物质财富，是环境空气质量管理的动力源泉。以美国为例，《清洁空气法》的核心内容之一就是确立美国环境空气质量管理系统（AQMS）（图 1-1），其首要组成部分就是切实可行的环境空气质量标准。AQMS 的出发点是环境空气质量标准，而归宿点也是环境空气质量标准，从而保护公众健康和公共福利。为了达到这一标准，联邦政府、州、地方各县以及企业都将参与到这一过程中来，其中一个关键点是每一项污染物环境空气质量标准发布后，1 年内各州向 USEPA 提交州实施计划（SIP）和部落实施计划（TIP），USEPA 批准后各州开始执行。SIP 和 TIP 是空气污染物基准管理的核心组成部分。在美国，基于《国家环境空气质量标准》（NAAQS）的制定可评估理想空气质量管理的不同级别。随后 SIP 的制定将把地方政府、州、区域和联邦规定整合到一起，以达到或维持 NAAQS。在实施的时候，SIP 成为各州的环境空气质量管理规定和 EPA 的 NAAQS 达到和维持行动的监督之间的桥梁，将两者有机联系在一起。

对环境空气质量的改善，环境空气质量标准是重要的评价工具。可以依据该标准评价各区域、各城市、各社区、各点位的相关污染物浓度是否达标，从而可以考核相关地方政府改善环境空气质量的成效。《中华人民共和国大气污染防治法》第三条规定，县级以上人民政府应当将大气污染防治工作纳入国民经济和社会发展规划并加大对大气污染防治的财政投入。地方各级人民政府应当对本行政区域的大气环境质量负责，制定规划、采取措施、控制或者逐步削减大气污染物的排放量，使大气环境质量达到规定标准并逐步改善。该规定的标准就是环境空气质量标准。同时《中华人民共和国大气污染防治法》第四条规定，国务院生态环境主管部门会同国务院有关部门，按照国务院的规定，对省、自治区、直辖市大气环境质量改善目标、大气污染防治重点任务完成情况进行考核。大气环境质量改善目标通常都是依据环境空气质量标准确定的。

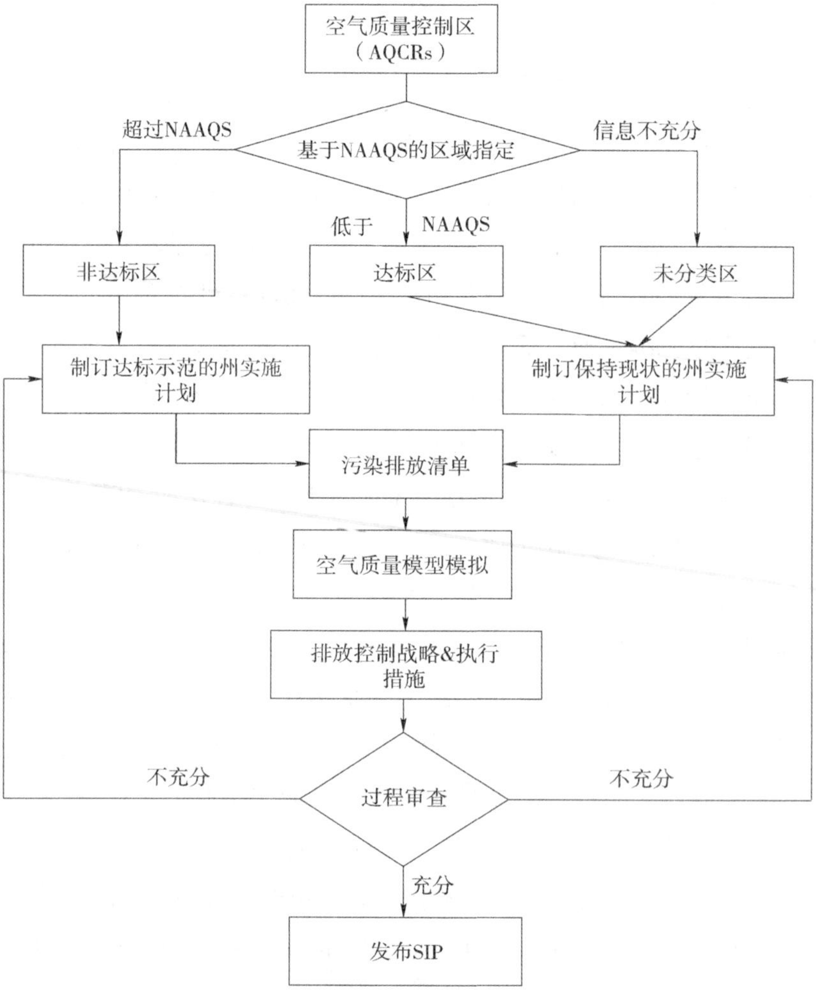

图 1-1　美国空气质量管理系统流程

环境空气质量标准是制定排放标准的重要技术依据。《中华人民共和国大气污染防治法》第九条规定，国务院生态环境主管部门或者省、自治区、直辖市人民政府制定大气污染物排放标准，应当以大气环境质量标准和国家经济、技术条件为依据。大气污染物排放标准体系的构建目标就是环境空气质量达标，即达到所规定的环境空气质量标准。通过实施排放标准，提高环境保护准入门槛，调整产业结构、用能结构，淘汰落后产能，禁止使用高污染燃料，鼓励采用清洁燃料，加强污染治理，实施深度治理，加强过程监管，从而推动生态环保产业繁荣。根据有关报道，中国实施《环境空气质量标准》（GB 3095—2012）以来，通过严格执行排放标准，实施大气污染防治行动，推动了大气污染物排放量的大幅削减，其中颗粒物排放在7年内下降了40%，几乎相当于美国自1970年以来颗粒物排放下降比例的44%。

三、环境空气质量标准制定程序

在美国等发达国家和地区，环境空气质量标准属于法规条例；在中国，环境空气质量标准既具有技术法规属性，又具有管理性。

以美国为例，其环境空气质量标准的制定过程极为复杂，美国环境空气质量标准的主要制定程序如下：

①根据众多科学研究团体最新的研究成果，USEPA环境基准与评价办公室（研究发展办公室）审查并形成新的基准文件，公开征求意见并进行同行评议，近年来，通常清洁空气咨询委员会会对基准文件进行确定，并提出标准修订的建议；

②环境基准与评价办公室（研究发展办公室），以及空气质量规划和标准办公室（空气、噪声和放射物办公室）对基准文件中的关键部分进行归纳解释，形成标准的工作报告，在报告中提出标准修订的具体建议，并将该报告进行公开征求意见以及同行评议；

③空气质量规划和标准办公室（空气、噪声和放射物办公室）根据完善后的工作报告提出标准修订决定案，并通过机构审查，完善后的决定案提交USEPA局长，同时空气质量规划和标准办公室（空气、噪声和放射物办公室）还要向局长提交环境影响分析调整文件，USEPA局长结合两个文件提出修订意见，并下发给执行局审查，执行局审查后返回USEPA局长，USEPA局长提出正式决定，形成修订建议；

④修订建议通常在联邦档案局登记，USEPA对建议稿进行公开征求意见、举行听证会，形成听证会纪要，并根据征求意见结果和听证会纪要进一步完善标准修订的决定案，完善后的决定案提交USEPA审查；

⑤审查后的决定案提交 USEPA 局长，并根据审查结果作出决定，签署命令发布标准。

由以上标准的修订过程可以看出，美国环境空气质量标准的修订绝不像传统标准的制（修）订过程那样简单，而是要动用大量的人力、物力和财力才能完成。例如，美国 $PM_{2.5}$ 环境空气质量标准的修订凝聚了 3 000 多人的心血，花费 6 500 万美元，历时近 20 年才完成。

第二部分

主要国家、地区和国际组织环境空气质量标准发展历程

一、中国环境空气质量标准发展历程

（一）制定法律依据

1987 年，中国颁布了《中华人民共和国大气污染防治法》（以下简称《大气污染防治法》），其第六条规定："国务院环境保护部门制定国家大气环境质量标准，省、自治区、直辖市人民政府对国家大气环境质量标准中未作规定的项目，可以制定地方标准，并报国务院环境保护部门备案。"这是中国首次明确环境空气质量标准制定的法律地位。在其后历次修订或修正的《大气污染防治法》中，环境空气质量标准制定的法律地位均得到了确认。

在 2000 年修订颁布的《大气污染防治法》中，首次明确了地方各级人民政府对本辖区的大气环境质量的管理责任，地方政府需制定规划、采取措施，使本辖区的大气环境质量达到规定的标准，并要求未达到标准的大气污染防治重点城市应按照国务院或者国务院环境保护行政主管部门规定的期限，达到大气环境质量标准。

2015 年修订颁布的《大气污染防治法》的第八条规定："国务院环境保护主管部门或者省、自治区、直辖市人民政府制定大气环境质量标准，应当以保障公众健康和保护生态环境为宗旨，与经济社会发展相适应，做到科学合理。"第十条规定："制定大气环境质量标准、大气污染物排放标准，应当组织专家进行审查和论证，并征求有关部门、行业协会、企事业单位和公众等方面的意见。"此次修订首次在法律中明确环境空气质量标准制定的思路、原则、程序和要求。同时，第十二条规定："大气环境质量标准、大气污染物排放标准的执行情况应当定期进行评估，根据评估结果对标准适时进行修订。"这也是首次在法律中要求环境空气质量标准应定期评估与修订。

（二）发展历程[1]

1982 年，针对当时中国的煤烟（粉）尘污染特征，参考发达国家空气质量标准制（修）订经验，按照分区分级制定标准的思路，中国首次制定并发布实施了《大气环境质量标准》（GB 3095—82），该标准规定了三类功能区的总悬浮微粒物（TSP）、飘尘、二氧化硫、氮氧化物（NO_x）、一氧化碳、光化学氧化剂 6 项污染物的 3 级浓度限值。

1996 年，在煤烟型大气污染环境管理需求的基础上，考虑城市机动车排放污染防治的需要，中国第一次对《大气环境质量标准》（GB 3095—82）进行了修订，将标准更名为《环境空气质量标准》（GB 3095—1996），缩小了三类区，扩大了二类区，将飘尘和光化学氧化剂分别调整为可吸入颗粒物和臭氧，增加了铅、二氧化氮、氟化物、苯并 [*a*] 芘等 4 项污染物项目的限值。2000 年，针对《环境空气质量标准》（GB 3095—1996）存在的一些与社会经济发展和环境空气质量管理不相适应的情况，又对其进行了局部调整，并发布《环境空气质量标准》（GB 3095—1996）修改单，取消 NO_x，放宽二氧化氮和臭氧部分浓度限值。

为控制不断加重的区域环境空气污染，特别是细颗粒物污染，中国于 2008 年开始第二次修订环境空气质量标准，并于 2012 年 12 月 29 日经国务院常务会议审查同意发布了《环境空气质量标准》（GB 3095—2012）。《环境空气质量标准》（GB 3095—2012）调整了环境空气功能区分类方案，将三类区并入二类区，增设了颗粒物（粒径≤2.5 μm）平均浓度限值和臭氧 8 小时平均浓度限值，收紧了颗粒物（粒径≤10 μm）、二氧化氮、铅和苯并 [*a*] 芘等污染物浓度限值，调整了数据统计的有效性规定。

2018 年，为使标准中规定的监测状态与国际接轨，中国又对《环境空气质量标准》（GB 3095—2012）进行了局部调整，发布了《环境空气质量标准》（GB 3095—2012）修改单，将监测状态由标准状态调整为参考状态（25℃、1 个标准大气压），颗粒物及其组分监测采用实况状态（监测期间实际环境温度和压力状态）。

二、世界卫生组织（WHO）空气质量准则发展历程

（一）第一版《欧洲空气质量准则》制定背景

早在 20 世纪 50 年代，WHO 就开始关注空气污染，尤其是关注空气污染对人体健康的影响。1957 年，WHO 在意大利米兰召开会议讨论欧洲地区的公共健康问题。1958 年，WHO 专家委员会发布了有关空气污染物对健康影响的特别报告，提出了几种空气污染物在环境下人体暴露对健康的潜在不利影响。自此，WHO 开始展开环境空气污染对健康影响的相关研究。WHO 欧洲地区办公室参与了多项工作，最终于 1976 年出版了《城市空气质量管理手册》（*A Manual on Urban Air Quality Management*），1980 年出版了《空气污染术语》（*Glossary on Air Pollution*），1983 年出版了《工业空气污染物手册》（*A Manual on Industrial Air Pollutants*）。

随后，在 WHO 和联合国环境规划署（United Nations Environment Programme，UNEP）的联合倡导下开始了环境健康基准计划（Environmental Health Criteria Programme），并发布了涉及多项空气污染物的环境健康基准文件。在此期间，欧洲地区的工业化国家开始制定各项环境政策，最明显的标志就是需要开展空气质量评价。

开展人体暴露在污染物环境下以及污染物对人体健康影响的信息收集和评价是一项十分耗时、耗力的工作，当时在世界范围内的工业化国家中，没有几个国家有足够的资源和专业技术能力可以单独开展这项工作，各国空气质量标准制定者越来越认识到开展国际合作的迫切性。因此，1983 年 WHO 在其制订的全球环境健康中期计划中提出，应会集各方资源和专家开展这项工作。通过不懈的努力，WHO 欧洲地区办公室于 1987 年首次发布了《欧洲空气质量准则》（Air quality guidelines for the Europe），其主要目的是帮助各国政府制定有法律效力的强制性环境空气质量标准，并对环境卫生管理机构和致力于保护人类免受环境空气污染影响的专业人士给予指导。

1987 年 WHO 首次发布的《欧洲空气质量准则》规定了 12 种有机空

气污染物和16种无机空气污染物的准则值，其中包括各国制定环境空气质量标准普遍规定的一般污染物项目：一氧化碳（CO）、铅（Pb）、二氧化氮（NO_2）、臭氧（O_3）、二氧化硫（SO_2）、颗粒物（Particulate matter）。规定了一氧化碳的15分钟平均准则值、30分钟平均准则值、1小时平均准则值和8小时平均准则值，分别为100 mg/m^3、60 mg/m^3、30 mg/m^{3}和10 mg/m^3；规定了二氧化氮的1小时平均准则值、24小时平均准则值和年平均准则值，分别为400 μg/m^3、150 μg/m^{3}和40 μg/m^3；对于臭氧，受当时研究结果所限，还无法规定出准确的准则值，因此只规定了1小时平均准则值和年平均准则值的范围，分别为150～200 μg/m^{3}和100～120 μg/m^3；规定了二氧化硫的5分钟平均准则值、24小时平均准则值和年平均准则值，分别为500 μg/m^3、125 μg/m^{3}和50 μg/m^3；对于颗粒物污染物项目，首次制定的是总悬浮颗粒物（TSP）和可吸入颗粒物（PM_{10}）的24小时平均准则值，分别为120 μg/m^{3}和70 μg/m^3；首次制定了铅的年平均准则值的范围，为0.5～1.0 μg/m^3 [2]。

（二）第二版《欧洲空气质量准则》

WHO首次制定的《欧洲空气质量准则》发布后，被全球发达国家和发展中国家广泛采用。然而第一版《欧洲空气质量准则》主要依据当时北美和欧洲发表的流行病学和毒理学最新研究结果，为欧洲地区工业化国家制定，并未考虑发展中国家的环境空气浓度以及其他不同情况。因此，发展中国家引用该准则时可能不太符合本国情况，甚至会有错误导向，例如，温度、湿度、海拔高度、本底浓度和营养状况等因素可能会对人体健康产生影响。为此，WHO欧洲地区办公室于20世纪90年代开始努力纳入有关发展中国家空气污染对人体健康影响的研究结果，于1997年对第一版《欧洲空气质量准则》进行了更新，并于2000年发布了第二版《欧洲空气质量准则》。修订后的《欧洲空气质量准则》污染物项目增加至35项，其中包括16种有机污染物，12种无机污染物，4种一般污染物和3种室内污染物。

对于第一版《欧洲空气质量准则》中的6项一般污染物项目的准则值，主要修订了以下几个方面：一是采用颗粒物（PM_{10}和$PM_{2.5}$）代替TSP，但是限于当时的研究水平，并未给出这两种粒径颗粒物的准则值，而是给出了可供参考的浓度和健康效应关系曲线；二是废除了二氧化硫的5分钟准则值和年平均准则值，增加了1小时平均准则值，为125 μg/m^3，并将24小时平均浓度由125 μg/m^{3}收紧至50 μg/m^3；三是废除臭氧的1小时准则值和年平均准则值，增加8小时平均准则值，限值为200 μg/m^3；四是废除二氧化氮的24小时平均准则值，并将1小时平均准则值由400 μg/m^{3}收紧至200 μg/m^3，而年平均准则值不变，限值仍为40 μg/m^3；五是一氧化碳的4种平均时间准则值仍然维持不变；六是将铅的准则值由年平均0.5～1.0 μg/m^{3}调整为年平均0.5 μg/m^3 [3]。

（三）《空气质量准则》由欧洲走向全球

第二版《欧洲空气质量准则》完成后，各国又发表了大量关于空气污染对健康影响的科学文献，其中，包括在一些空气污染极其严重的低、中收入国家进行的重要研究。WHO对这些文献积累的科学证据进行了深入的审查和分析，修订了颗粒物、臭氧、二氧化氮和二氧化硫的准则值，使之适用于全球各个国家；对于未修订的污染物项目，仍然按照第二版《欧洲空气质量准则》。在此基础上，WHO欧洲地区办公室于2005年发布了《空气质量准则》（2005全球升级版），规定了适用于全球的颗粒物、臭氧、二氧化氮和二氧化硫的准则值，即现行的准则值。至此，《空气质量准则》（2005全球升级版）开始由欧洲走向世界。

与第二版《欧洲空气质量准则》相比，《空气质量准则》（2005全球升级版）主要有以下几个方面的变化：一是对于颗粒物（PM_{10}和$PM_{2.5}$），并未给出浓度－健康效应曲线，而是明确规定了PM_{10}和$PM_{2.5}$的准则值，年平均准则值分别为10 μg/m^{3}和20 μg/m^3，24小时平均准则值分别为25 μg/m^{3}和50 μg/m^3；二是对于臭氧，将8小时平均准则值由第二版的200 μg/m^{3}收紧至100 μg/m^3；三是对于二氧化硫，废除1小时平均准则值，将24小时平均准则值由50 μg/m^{3}收紧至20 μg/m^3，增加10分钟平均准则值，为500 μg/m^3；四是对于二氧化氮，经过评估认为第二版的准则值可以保护人体健康，应维持不变，1小时平均准则值和年平均准则值仍然为200 μg/m^{3}和40 μg/m^3 [4]。

需要指出的是，由于《空气质量准则》（2005全球升级版）中颗粒物、臭氧和二氧化硫的准则值过于严格，WHO在准则值的基础上又提出了逐步达到准则值的过渡期阶段目标值，对于颗粒物，WHO 给出过渡期 1、2、3 的 3 个阶段的目标，颗粒物（PM_{10}）在 3 个阶段的年平均目标值分别规定为 70 μg/m^3、50 μg/m^3 和 30 μg/m^3，24 小时平均目标值分别规定为 150 μg/m^3、100 μg/m^3 和 75 μg/m^3；颗粒物（$PM_{2.5}$）在 3 个阶段的年平均目标值分别规定为 35 μg/m^3、25 μg/m^3 和 15 μg/m^3，24 小时平均目标值分别规定为 75 μg/m^3、50 μg/m^3 和 37.5 μg/m^3；对于臭氧，WHO 仅提出了过渡期 1 的目标值，规定 8 小时平均浓度为 160 μg/m^3；对于二氧化硫，WHO 提出了过渡期 1、2 两个阶段的 24 小时平均目标值，分别规定为 125 μg/m^3 和 50 μg/m^3。

WHO 在给出上述污染物准则值和过渡期目标值的同时也强调准则值并不是衡量空气质量的标准。各国的空气质量标准是依据各自权衡健康风险的方法、技术可行性、经济以及其他各种政治和社会因素等来制定的，而这些因素又取决于各个国家的发展水平和空气质量管理能力，因而各国制定的国家标准是有差异的。WHO 推荐的准则值承认这些差异的存在，而且特别认识到各国政府在制定政策目标时，应该在充分考虑当地的情况后，再决定是否直接将准则值作为自己国家具有法律效力的标准。同时 WHO 还强调，准则值是依据目前与空气污染及其对人体健康影响相关的大量科学证据制定的，仍然存在一定的不确定性，即便达到准则值，仍然不能保证对人体健康没有危害。对于过渡期目标值，可作为逐步减少空气污染的渐进性步骤，主要用于空气污染较严重的地区；可以促进空气污染浓度由高到低的转变；如果达到这些目标值，预期可以显著降低空气污染所造成的急性和慢性人体健康有害效应的风险。不过，逐步达到准则值仍应该是所有地区空气质量管理和降低人体健康风险的最终目标。

（四）《空气质量准则》修订

《空气质量准则》发布后，有关短期和长期接触环境空气污染物对人体健康影响的新证据越来越多。WHO 第六十八届世界卫生大会（World Health Assembly，WHA）于 2015 年 5 月通过了一项题为“健康与环境：应对空气污染带来的健康影响”的决议，该决议得到了 194 个成员国的认可。该决议指出，各成员国以及 WHO 都需要加倍努力以保护人们免受空气污染带来的健康风险，提高公众和相关人员对因空气污染所带来的健康问题的认识，提供减少或避免接触空气污染的措施并且促进相关研究。同时成员国之间应开展政策对话，在国家、区域各层面加强多部门合作，并采取有效措施以减少与空气污染相关的不平等现象。该决议首次确认了WHO《空气质量准则》在环境空气质量和室内空气质量两个领域中，对于为保护人类健康的清洁空气的指导和建议作用。该决议还要求总干事通过制定并定期更新WHO《空气质量准则》，来加强WHO在空气污染和健康领域的能力，以促进有效的决策，并为成员国的高效实施提供支持和指导。

就此，WHO于2015年9月组织了一次全球磋商会议，就环境空气污染物对人体健康影响的最近证据以及减少空气污染的干预措施征求了专家的意见。这次讨论的结果有助于对WHO《空气质量准则》未来更新的思考。

2021年9月22日，WHO发布了最新修订的《全球空气质量准则》（2021版）（以下简称“AQG 2021版”）。与“AQG 2005版”相比，在污染物种类及指标设置上，“AQG 2021版”增加了O_3的季峰值（6个月）、CO和NO_2的24小时均值。在指导值设置上，“AQG 2021版”收紧了$PM_{2.5}$、PM_{10}的年均值和24小时均值、NO_2的年均值；放宽了SO_2的24小时均值。在过渡期目标值（IT）设置上，“AQG 2021版”将“AQG 2005版”中$PM_{2.5}$和PM_{10}的年均值、24小时均值的指导值改为IT-4；对O_3的季峰值（6个月）、O_3的日最大8小时均值、NO_2的年均值、NO_2的24小时均值以及CO的24小时均值，均设置了不同的IT。针对颗粒物，WHO综合相关研究，将$PM_{2.5}$年均浓度指导值确定为5 μg/m^3。WHO对全球众多城市观测数据作了分析，发现$PM_{2.5}$日均浓度的第99百分位数约为年均浓度的3倍，因此将$PM_{2.5}$日均浓度指导值确定为15 μg/m^3。此外，WHO将PM_{10}年均浓度指导值确定为15 μg/m^3，PM_{10}日均浓度指导值确定为45 μg/m^3。针对O_3，WHO制定了长期限值（季峰值）和短期限值，其中季峰值为每日最高8小时O_3浓度的连续6个月滑动平均值的最高值，将其指导值确定为60 μg/m^3。在此基础上，采用O_3日最大8小时值与年均值及季峰值的比例将O_3日最大8小时值确定为100 μg/m^3。采用同样方法，“AQG 2021版”中NO_2的年均浓度指导值设为10 μg/m^3，日均浓度指导值设为25 μg/m^3；SO_2日均浓度指导值确定为40 μg/m^3；

CO 日均浓度指导值确定为 4 μg/m³[5]，见表 2-1。

表 2-1 《全球空气质量准则》2021 版与 2005 版准则值及目标值比较

污染物	指标	2021 版					2005 版			
		IT-1	IT-2	IT-3	IT-4	AQG	IT-1	IT-2	IT-3	AQG
$PM_{2.5}$/（μg/m³）	年平均	35	25	15	10	5 ↓	35	25	15	10
	24 小时平均	75	50	37.5	25	15 ↓	75	50	37.5	25
PM_{10}/（μg/m³）	年平均	70	50	30	20	15 ↓	70	50	30	20
	24 小时平均	150	100	75	50	45 ↓	150	100	75	50
O_3/（μg/m³）	暖季峰值（6 个月）	100	70	—	—	60	—	—	—	—
	日最大 8 小时平均	160	120	—	—	100	160	—	—	100
NO_2/（μg/m³）	年平均	40	30	20	—	10	—	—	—	40
	24 小时平均	120	50	—	—	25	—	—	—	—
	1 小时平均	—	—	—	—	200	—	—	—	200
	24 小时平均	125	50	—	—	40	125	50	—	20
	10 分钟平均	—	—	—	—	500	—	—	—	500
CO/（mg/m³）	24 小时平均	7	—	—	—	4	—	—	—	—
	8 小时平均	—	—	—	—	10	—	—	—	—
	1 小时平均	—	—	—	—	35	—	—	—	—
	15 分钟平均	—	—	—	—	100	—	—	—	—

三、美国环境空气质量标准发展历程

（一）制定背景及法律依据

第二次世界大战以后，随着美国经济的快速发展和空气质量的持续恶化，空气污染事件时有发生。日趋恶化的空气污染问题引起了联邦政府和公众的极大关注。1955 年美国国会通过联邦第一部涉及空气污染的法律——《1955 年空气污染控制法》，该法授权联邦政府为各州提供研究与技术协助。1963 年美国国会又用《清洁空气法》替代了该法，并明确加强联邦机构的主导作用，它建立了研究监测和控制空气污染的联邦项目，主要研究制定固定源的排放标准。但由于并未制定全国统一的空气质量标准，从而使联邦政府无法对各州空气污染进行管理。1967 年，美国国会制定《1967 年空气质量法》，该法明确规定制定州环境空气质量标准，但最终未得到具体实施。1970 年，尼克松总统签署《1970 年清洁空气法修正案》，该修正案确立了“国家空气质量标准”原则，规定由 USEPA 依据该原则制定国家空气质量标准。

在《1970 年清洁空气法修正案》中，国会通过要求针对工业源和移动源的全面联邦和州法规，大大扩展了联邦法规。该法建立了 4 个新的监管计划，包括《国家环境空气质量标准》（National Ambient Air Quality Standards，NAAQS）、州实施计划（State Implementation Plan，SIP）、新的源绩效标准（New Source Performance Standards，NSPS）和有害空气污染物国家排放标准（National Emission Standards for Hazardous Air Pollutants，NESHAP）。至此，美国空气污染保护进入正式发展阶段。

《1970 年清洁空气法修正案》将国家管理的大气污染物分为基准空气污染物（criteria air pollutants）和有害空气污染物（hazardous air pollutants，HAPs）两类。对于基准污染物，要求 USEPA 成立后 12 个月内制定完成并发布国家环境空气质量标准。根据这一要求，USEPA 于 1971 年 4 月 30 日首次发布了《国家环境空气质量标准》。根据《1970 年清洁空气法修正案》，USEPA 原则上需要在 1980 年 12 月 31 日之前审查已经发布的标准，之后审查工作每 5 年进行一次，并根据每次的审查结果决定是否修订标准。

（二）发展历程[6]

1971 年首次发布的美国《国家环境空气质量标准》中，包括一氧化碳、二氧化氮、总悬浮颗粒物、光化学氧化剂（以 O_3 计）、碳氢化合物、二氧化硫 6 项基准污染物，并针对保护对象制定了两种基准级别：一级标准（primary standards）是为了保护公众健康；二级标准（secondary standards）是为了保护社会物质财富。此后，美国以 5 年为法定周期进入标准审议流程，基于不断积累的空气污染对人体健康影响的科学研究成果来收紧标准限值。

自 1971 年以来，USEPA 对《国家环境空气质量标准》先后进行了 12 次修订，有力地推动了国家环境空气质量的改善，有效地保护了公众健康和生态环境。1973 年，删去二氧化硫的二级年均浓度值标准。1978 年，增设铅一级和二级的季度浓度限值标准和达标统计规定。1979 年，调整项目总光氧化剂为臭氧，并修订浓度限值和达标统计要求。1983 年，删去碳氢化合物的指标。1985 年，删去一氧化碳二级标准。1987 年，删去污染物项目总悬浮颗粒物，并增设 PM_{10} 一级和二级年均限值、24 小时平均限值标准和对应达标统计要求。1997 年，增设 $PM_{2.5}$ 一级和二级年均限值、24 小时平均限值标准和对应达标统计要求；修订 PM_{10} 24 小时平均限值的达标统计标准，并修订臭氧的一级和二级浓度限值、平均时间和达标统计标准。2006 年，下调 $PM_{2.5}$ 一级和二级标准 24 小时平均限值，删去 PM_{10} 一级和二级年均值标准。2008 年，修订铅的平均时间为 3 个月滑动平均并下调浓度限值；同时修订臭氧一级和二级浓度限值标准。2010 年，增设二氧化硫的一级 1 小时均值标准和达标统计规定，删去二氧化硫的一级年均值和 24 小时平均值标准。2012 年修订 $PM_{2.5}$ 一级 24 小时平均标准的年均值。2015 年调整了臭氧一级和二级标准浓度限值。

目前，美国环境空气质量标准由污染物项目、平均时间、浓度限值和达标统计要求 4 部分组成。污染物项目由最初的二氧化硫、总悬浮颗粒物、光化学氧化剂、碳氢化合物、二氧化氮、一氧化碳 6 种调整为当前的 7 种，废除了总悬浮颗粒物、碳氢化合物，增加了 PM_{10}、$PM_{2.5}$ 和铅。

在平均时间上，二氧化硫增加了一级 1 小时平均，废除了一级 24 小时平均、年平均以及二级年平均，PM_{10} 废除了年平均，臭氧由 1 小时修订为 8 小时，NO_2 增加一级 1 小时平均，铅由季平均改为 3 个月滑动平均；在浓度限值方面，相比于 1997 年，$PM_{2.5}$ 一级年平均和 24 小时平均浓度限值分别收严 20% 和 46%，臭氧浓度限值收严了 13%。相比于 1978 年，铅浓度限值收严了 90%；逐步取消了二氧化硫、$PM_{2.5}$、臭氧、二氧化氮等的超标次数要求，而采用百分位数和年高值等科学统计方法。

（三）空气质量标准限值变化

1. 二氧化硫（SO_2）

美国在1971年首次制定二氧化硫环境空气质量标准，并于1973年和2010年进行过两次修订。

二氧化硫空气质量标准制（修）订情况见表2-2。由表2-2可知，在平均时间上，USEPA于1973年废除了二级年平均浓度限值，主要原因是根据当时对标准的审查评估结果，认为环境空气中的二氧化硫达到3小时平均浓度限值就足以保护作物的正常生长。1980年之后，美国二氧化硫平均浓度持续显著下降，远低于国家标准。同时有研究表明，在较低浓度水平下，控制1小时平均浓度就可以避免短期暴露和长期暴露的健康效应。因此，2010年USEPA增加一级1小时浓度标准（75 ppb），同时废除了一级年平均和24小时平均浓度标准[13]。

表2-2　二氧化硫空气质量标准制（修）订情况

时间	标准类别	平均时间	浓度限值	达标统计要求
1971	一级	24小时	0.14 ppm	每年不超过一次
		1年	0.03 ppm	年算术平均
	二级	3小时	0.5 ppm	每年不超过一次
		1年	0.02 ppm	年算术平均
1973	二级	保留3小时标准，废除二级年均标准		
2010	一级	1小时	75 ppb	第99百分位，3年平均
		废除一级年均标准和24小时标准		

二氧化硫空气质量标准浓度限值变化见图2-1。由图2-1可知，在二氧化硫空气质量标准修订过程中，较为明显的是始终保持二级3小时平均浓度限值不变。对于一级标准，由1小时平均浓度限值取代24小时和年平均浓度限值，限值设定更为科学，从而有效保护人体健康。在达标统计要求方面，由表2-2可以看出，一级1小时标准采用年第99百分位3年平均的达标统计方法，替代单纯超标次数的规定，使达标要求向更加科学的统计学特征发展。

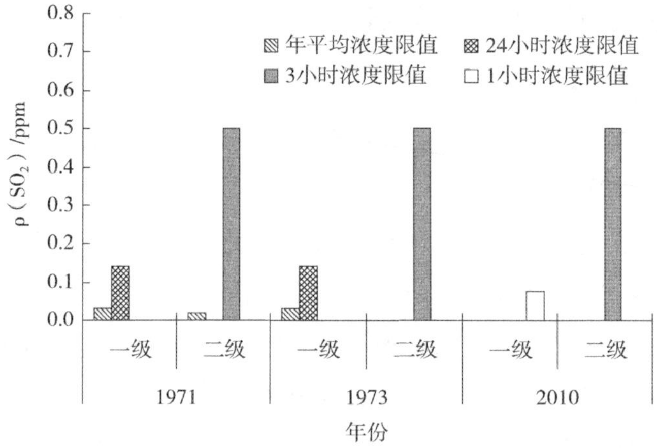

图 2-1　二氧化硫空气质量标准浓度限值变化

2. 颗粒物（TSP、PM_{10}、$PM_{2.5}$）

1971 年，美国首次制定颗粒物环境空气质量标准，并于 1987 年、1997 年、2006 年和 2012 年进行了 4 次修订。颗粒物空气质量标准制（修）订情况见表 2-3。由表 2-3 可知，在颗粒物污染物项目上，PM_{10} 与 $PM_{2.5}$ 逐渐取代了 TSP，颗粒物污染控制向更细颗粒发展。环境空气中的颗粒物来源不同，成分不同，物理化学性质不同，健康效应也不同，因此需要区分粗颗粒物和细颗粒物，分别制定环境空气质量标准。选择 $PM_{2.5}$ 的原因主要有以下几个方面：一是来自燃烧源和二次反应形成的颗粒物的粒径通常在 3 μm 以下，主要是在 1 μm 以下，通常称为细颗粒物，呼吸时主要沉积到下呼吸道，甚至直接进入肺泡和血液；而来自土壤风沙扬尘等的颗粒物的粒径通常在 1 μm 以上，通常称为粗颗粒物，主要沉积在上呼吸道。在环境空气中，应在 1～3 μm 区分粗颗粒物和细颗粒物。二是粒径在 1～3 μm 的颗粒物既包括了部分细颗粒物，又包括了部分粗颗粒物。如果粒径选择在 3 μm，虽然包括了绝大部分细颗粒物，但也包括一部分粗颗粒物；而如果粒径选择在 1 μm，虽然彻底排除了土壤风沙颗粒物的影响，但也会忽略因吸湿增大的细颗粒物如硝酸盐等。三是在已有的流行病学研究中，已经选择了 $PM_{2.5}$，且监测技术是成熟可行的。为了充分利用这些资料，在制定环境空气质量标准时，采用了 $PM_{2.5}$ 作为细颗粒物的指标。在平均时间上，对于 PM_{10}，1987 年与 1997 年均规定年平均标准和 24 小时标准，而 2006 年废除其年均标准。对于 $PM_{2.5}$，自 1997 年制定其年平均标准和 24 小时标准后，平均时间维持不变。

表 2-3　颗粒物空气质量标准制（修）订情况

时间	标准类别	项目指标	平均时间	浓度限值	达标统计要求
1971	一级	TSP	24 小时	260 $\mu g/m^3$	每年不超过一次
			1 年	75 $\mu g/m^3$	年平均
	二级	TSP	24 小时	150 $\mu g/m^3$	每年不超过一次
1987	一级和二级	PM_{10}	24 小时	150 $\mu g/m^3$	3 年平均每年不超过一次
			1 年	50 $\mu g/m^3$	年算术平均值，3 年平均
1997	一级和二级	$PM_{2.5}$	24 小时	65 $\mu g/m^3$	第 98 百分位，3 年平均
			1 年	15 $\mu g/m^3$	年算术平均值，3 年平均
		PM_{10}	24 小时	150 $\mu g/m^3$	开始发布时是第 99 百分位，3 年平均。1997 年 PM_{10} 标准废除后，仍采用 1987 年标准统计要求
			1 年	50 $\mu g/m^3$	年算术平均值，3 年平均
2006	一级和二级	$PM_{2.5}$	24 小时	35 $\mu g/m^3$	第 98 百分位，3 年平均
			1 年	15 $\mu g/m^3$	年算术平均值，3 年平均
		PM_{10}	24 小时	150 $\mu g/m^3$	3 年平均每年不超过一次
2012	一级	$PM_{2.5}$	1 年	12 $\mu g/m^3$	年算术平均值，3 年平均
	二级		1 年	15 $\mu g/m^3$	年算术平均值，3 年平均
	一级和二级		24 小时	35 $\mu g/m^3$	第 98 百分位，3 年平均
	一级和二级	PM_{10}	24 小时	150 $\mu g/m^3$	3 年平均每年不超过一次

PM_{10} 与 $PM_{2.5}$ 空气质量标准浓度限值变化分别见图 2-2 和图 2-3。由图 2-2 可知，自 1987 年首次制定 PM_{10} 标准以来，其一级和二级 24 小时平均浓度限值始终保持 150 $\mu g/m^3$ 不变，而年平均浓度限值于 2006 年取消。由图 2-3 可知，自 1997 年首次制定 $PM_{2.5}$ 标准以来，一级年平均浓度限值由 15 $\mu g/m^3$ 修订为当前的 12 $\mu g/m^3$，限值水平降低了 20%。而二级年平均浓度限值保持 15 $\mu g/m^3$ 不变。一级和二级 24 小时平均浓度限值由 65 $\mu g/m^3$ 修订为当前的 35 $\mu g/m^3$，限值水平降低了约 46%。

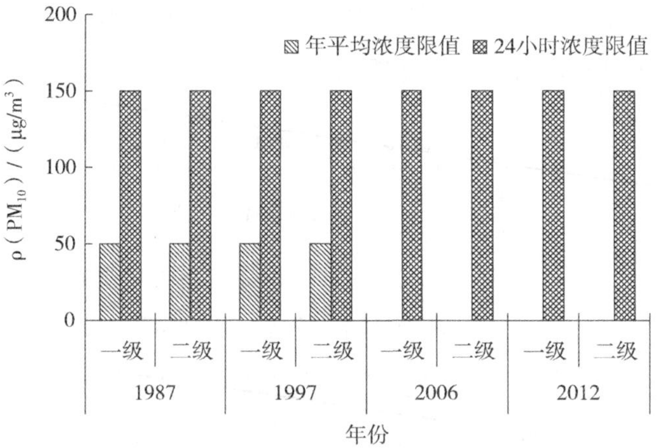

图 2-2　PM_{10} 空气质量标准浓度限值变化

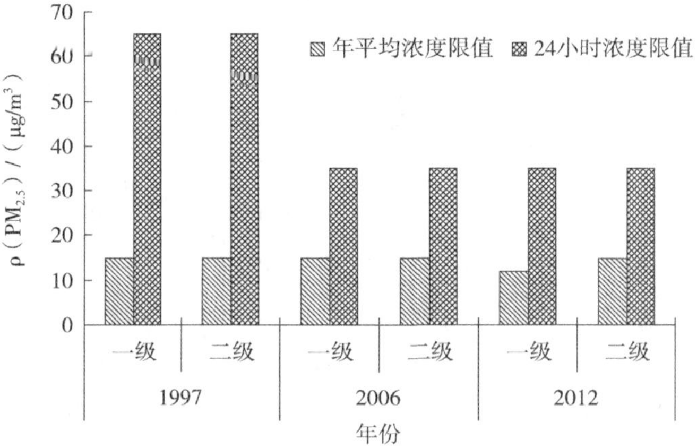

图 2-3　$PM_{2.5}$ 空气质量标准浓度限值变化

由表 2-3 可知，在达标统计要求方面，PM_{10} 一级和二级 24 小时标准始终采用 3 年平均每年不超过一次，$PM_{2.5}$ 一级和二级年平均标准采用年算术平均值的 3 年平均值，而一级和二级 24 小时标准采用第 98 百分位的 3 年平均值。

3. 铅（Pb）

美国的《清洁空气法》，指出环境空气中的铅主要来自含铅汽油和有色金属冶炼等污染源，只要有效控制这些污染源的铅排放，就可以显著降低环境空气中铅的浓度水平，保护公众健康[19]。1977 年美国修订《清洁空气法》时，采纳了有关方面的建议，将铅列入基准污染物，并于 1978 年制定实施铅的国家环境空气质量标准，之后仅于 2008 年进行过一次修订。

铅空气质量标准制（修）订情况见表 2-4。由表 2-4 可知，污染物指标为 Pb-TSP，特指总悬浮颗粒物（TSP）上的铅。在平均时间上，最初在 1978 年制定标准时采用季平均，而 2008 年标准修订时，平均时间采用了更为准确的 3 个月滑动平均（rolling 3-month average）[21]。鉴于铅对人体健康毒性的特殊性，在达标统计要求方面，始终要求不得超过铅环境空气质量标准。

表 2-4　铅空气质量标准制（修）订情况 [20]

时间	标准类别	项目指标	平均时间	浓度限值 /（$\mu g/m^3$）	达标统计要求
1978	一级和二级	Pb-TSP	季平均	1.5	不得超过
2008	一级和二级	Pb-TSP	3 个月滑动	0.15	不得超过

铅空气质量标准浓度限值变化见图 2-4。由图 2-4 可知，1978 年一级和二级标准仅规定季平均浓度限值，为 1.5 $\mu g/m^3$。2008 年 USEPA 将铅的浓度限值收紧为原标准的 1/10，规定 3 个月滑动平均浓度限值为 0.15 $\mu g/m^3$，限值修订的主要原因是 1978 年后，由于采取了有效控制措施，美国环境空气中铅的浓度水平很快就下降至标准值以下，但后来的研究发现，即使在较低的血铅浓度水平下，仍然存在健康效应。因此，为进一步保护公众健康，USEPA 对铅空气质量标准进行了收严。

4. 臭氧（O_3）和碳氢化合物（HC）

（1）臭氧（O_3）

1971 年，美国首次制定 O_3 环境空气质量标准，并于 1997 年和 2008 年进行过两次修订。

O_3 空气质量标准制（修）订情况见表 2-5。由表 2-5 可知，1971 年标准污染物指标是光化学氧化剂（以 O_3 计），1979 年标准修订时，将污染物指标名称调整为 O_3。在平均时间上，从 1997 年起，O_3 开始采用日最大 8 小时平均，同时保留 1 小时平均标准，达到 1 小时标准的地区实施 8 小时标准，否则继续实施 1 小时标准。2008 年废除 1 小时标准，仅保留 8 小时平均时间。

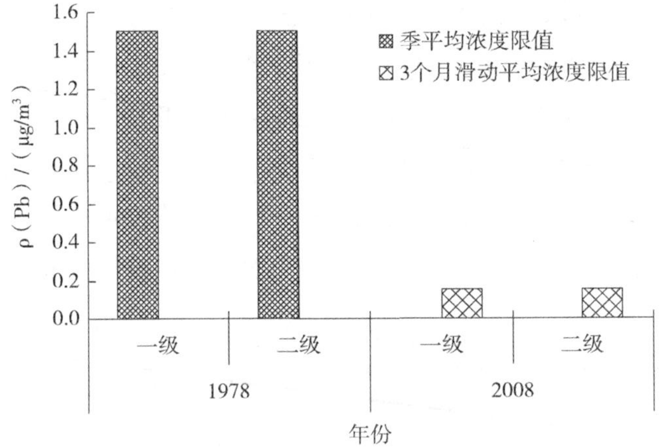

图 2-4 铅空气质量标准浓度限值变化

表 2-5 O_3 空气质量标准制（修）订情况

时间	标准类别	项目指标	平均时间	浓度限值	达标统计要求
1971	一级和二级	总光化学氧化剂	1 小时	0.08 ppm	每年超过标准不多于 1 小时
1979	一级和二级	O_3	1 小时	0.12 ppm	每年最大小时平均浓度>0.12 ppm 的天数的 3 年平均值不超过 1 天
1997	一级和二级	O_3	8 小时	0.08 ppm	年第 4 大日最大 8 小时平均浓度的 3 年平均值不超过 0.08 ppm
2008	一级和二级	O_3	8 小时	0.075 ppm	年第 4 大日最大 8 小时平均浓度的 3 年平均值不超过 0.075 ppm
2015	一级和二级	O_3	8 小时	0.07 ppm	3 年内年均第 4 高每日最高 8 小时浓度

之所以选择 8 小时平均时间，主要是因为在 20 世纪 80 年代中期，美国一些研究发现，在很多浓度低于 1 小时平均浓度限值的地区，暴露于 O_3 下 6～8 小时仍然存在相关的健康效应[23]。进一步的研究分析又发现，控制 1 小时和 8 小时平均浓度值都可以降低健康风险，但与 1 小时暴露相比，在较低 O_3 浓度水平下，8 小时暴露引起的健康效应相关性更为显著。

O_3 空气质量标准浓度限值变化见图 2-5。从图 2-5 中可以看出，1979 年 O_3 一级和二级 1 小时平均浓度限值有所放宽，均由 0.08 ppm 修订为 0.12 ppm。1997 年标准修订时，将 O_3 一级和二级浓度限值调整为日最大 8 小时平均浓度限值 0.08 ppm，而后又于 2008 年进行了收严，为 0.075 ppm。随着 O_3 浓度的进一步降低，2010 年 USEPA 发布新的建议，将 O_3 的 8 小时标准进一步收紧至 120～140 μg/m^3，但为了挽救经济，美国时任总统奥巴马要求撤回这一建议。此外在达标统计要求方面，O_3 逐渐采用年第 4 大日最大 8 小时平均浓度的 3 年平均取代超标天数达标统计方法。2015 年，USEPA 加强臭氧管控，将 O_3 的 8 小时标准收严至 0.07 ppm。

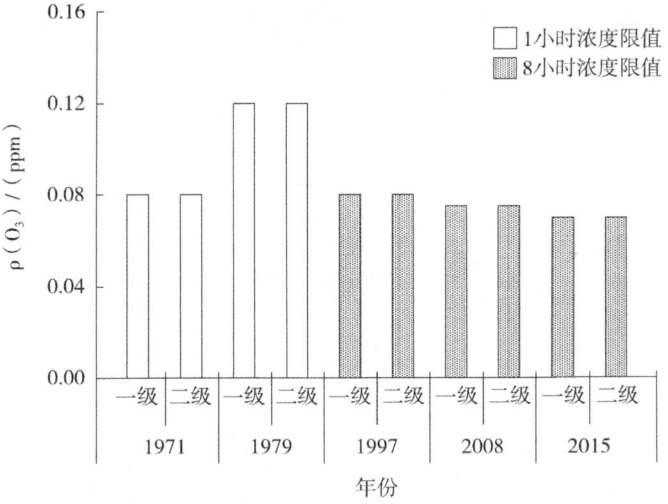

图 2-5　O_3 空气质量标准浓度限值变化

（2）碳氢化合物（HC）

1971 年，美国首次制定的碳氢化合物空气质量标准规定了 3 小时平均浓度限值，为 160 μg/m^3。1983 年，USEPA 评估后认为，碳氢化合物是 O_3 的前体物，通过控制 O_3 就可以控制碳氢化合物，而且碳氢化合物成分复杂，不适合作为基准污染物，于是在环境空气质量标准中废除了该污染物项目。

5. 二氧化氮（NO_2）

1971 年，美国首次制定二氧化氮环境空气质量标准，仅于 2010 年进行过一次修订。美国在首次制定二氧化氮空气质量标准限值时，科学基础较为薄弱，迟迟无法确定。由于时间紧迫，负责该限值的起草人员最终在咖啡馆里与一位研究人员基于一篇论文的研究成果将限值讨论确定下来。

二氧化氮空气质量标准制（修）订情况和浓度限值变化情况分别见表 2-6 和图 2-6。1977 年，《清洁空气法》修正案明确要求，USEPA 应自 1977 年 8 月 7 日起 1 年内发布二氧化氮的一级 1～3 小时标准。在随后的 30 多年里，虽然开展了很多研究，但直至 2010 年，USEPA 才发布了一级 1 小时平均浓度限值，为 100 ppb，达标统计方法为第 98 百分位的 3 年平均，而年平均浓度限值和达标统计要求仍维持 1971 年规定要求[29]。

表 2-6　二氧化氮空气质量标准制（修）订情况[28]

时间	标准类别	项目指标	平均时间	浓度限值	达标统计要求
1971	一级和二级	NO_2	1 年	53 ppb	年算术平均
2010	一级	NO_2	1 小时	100 ppb	第 98 百分位，3 年平均
		保持一级年均标准不变			

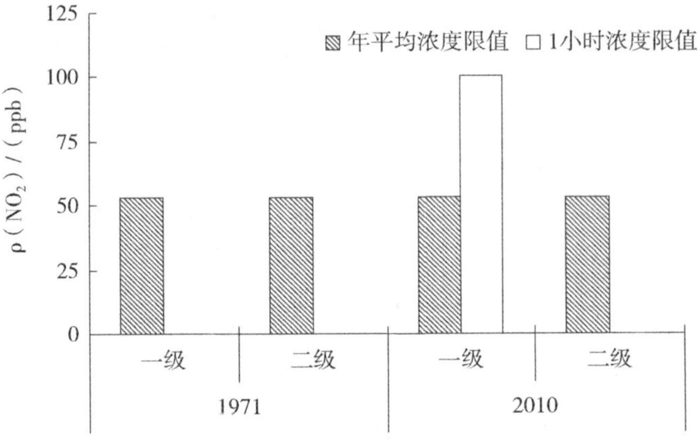

图 2-6　二氧化氮空气质量标准浓度限值变化

6. 一氧化碳（CO）

1971 年，美国首次制定一氧化碳环境空气质量标准，仅于 1985 年进行过一次修订。1971 年，美国首次制定的一氧化碳标准规定了 8 小时和 1 小时平均浓度限值，分别为 9 ppm（10 mg/m^3）和 35 ppm（40 mg/m^3），达标统计要求均为最大值一年不超过一次，一级标准与二级标准相同。1985 年 USEPA 审查和评估后认为，一氧化碳的标准主要是保护人体健康，因此废除了一氧化碳二级标准。30 多年来，虽然一氧化碳的环境空气质量标准经过多次审查和评估，但结果均表示 1971 年制定的限值能够保护人体健康，因此，至今该标准未作修改。

（四）总结

美国《国家环境空气质量标准》由污染物项目、平均时间、浓度限值和达标统计要求 4 部分组成，自 1971 年以来的 50 多年中，USEPA 对环境空气质量标准进行了多达 12 次修订，修订了所有污染物的环境空气质量标准（如图 2-7 所示）。在此期间，污染物项目从初始的二氧化硫、总悬浮颗粒物、光化学氧化剂、碳氢化合物、二氧化氮、一氧化碳 6 种调整为 7 种，废除了总悬浮颗粒物和碳氢化合物，增加了 PM_{10}、$PM_{2.5}$ 和铅。其中，对部分污染物浓度限值不断收紧，达标统计要求不断调整，逐渐取消最早的超标次数规定，而采用百分位数和年高值等科学统计指标。

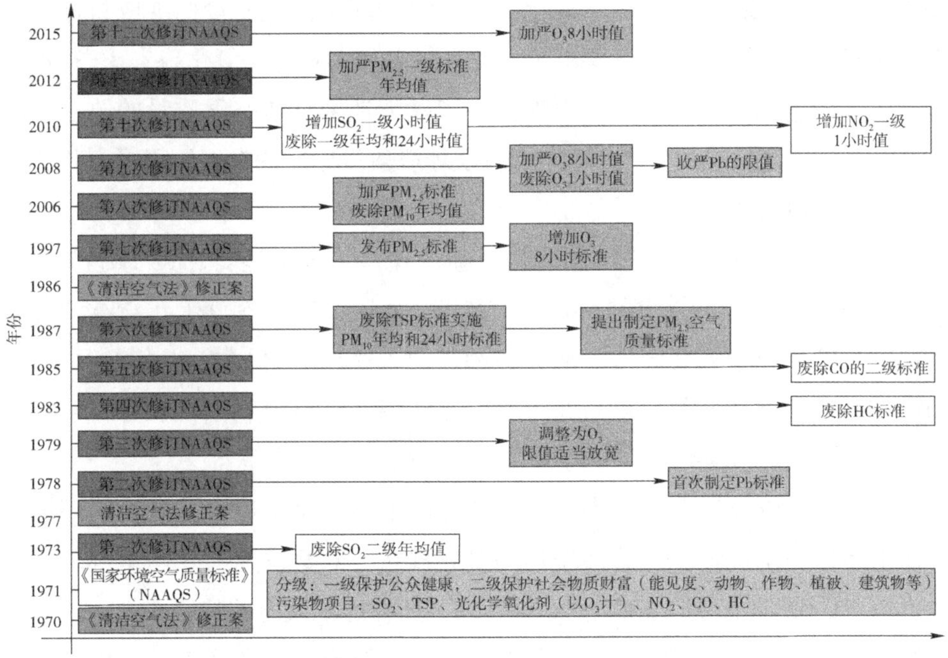

图 2-7　美国《国家环境空气质量标准》修订过程

四、欧盟环境空气质量标准发展历程

欧盟环境空气质量标准的发展经历了欧洲共同体（European Communities，简称欧共体，EC）和欧洲联盟（European Union，简称欧盟，EU）两个阶段。欧盟环境标准的发展也是欧盟历史发展的一部分，在协作中逐步走向联合。

欧盟最大的优势在于“一体化管理”，最大限度地考虑了欧盟各个国家的现实情况，制定统一的污染物排放标准，避免了标准差异化导致的冲突，使各个国家及社会各方面都参与进来，共同保护欧盟各国家的生态环境。随着全球环境保护意识的提高，欧盟相关污染物排放标准也日趋严格，以保护人的身体健康和植被为出发点，结合欧盟各国的实际情况和 WHO 的现行标准，制定切合实际且与时俱进的污染物排放标准显得尤为重要。

（一）发展历程

欧共体时期（1967—1993 年），环境保护刚刚起步和发展，主要发布了二氧化硫、悬浮颗粒物、铅、二氧化氮和臭氧的环境空气质量标准或目标。欧盟成立至今，环境保护进一步发展，连续制定和实施了二氧化硫等 12 种污染物的空气质量标准或目标，有力地促进了欧洲地区环境空气质量的改善。欧盟环境空气质量标准的发展历程与 WTO 环境质量标准的发展历程紧密相关。

1. 欧共体阶段

1951 年 4 月 18 日，法、意、德、荷、比、卢 6 国签订《关于建立欧洲煤钢共同体的条约》[7]。1957 年 3 月 25 日，6 国在罗马签订了建立欧洲经济共同体与欧洲原子能共同体的两个条约，即《罗马条约》。1967 年 7 月 1 日，6 国将欧洲煤钢共同体、欧洲原子能共同体和欧洲经济共同体统一起来的《布鲁塞尔条约》开始生效，欧共体正式成立。

由于当时以经济发展为先，在欧共体的上述法律文件中并没有对环境保护作出任何明确规定。随着环境污染日趋严重，欧共体逐渐开始重视环境保护工作。1972 年 10 月 19 日至 20 日，欧共体在巴黎政府首脑峰会上，要求共同体机构在 1973 年 7 月 31 日前拿出一个带有精确时间进度表的环境保护行动计划。1973 年欧共体理事会通过了其历史上第一个环境保护行动计划［*The Programme of Action of the European Communities on the Environment*（1973—1976）］，这是欧共体历史上第一次将环境保护议题真正纳入政策领域。

第一个环境保护行动计划以提高生活质量，改善环境和人类的生存条件为政策目标，要求对二氧化硫等 5 种常规污染物和 19 种其他大气污染物制定基准，根据基准制定保护人体和环境的质量标准和质量目标（quality objective）。1977 年欧共体理事会发布名为《关于继续和实施欧共体环境政策和行动》［*On the Continuation and Implementation of a European Community Policy and Action Programme on the Environment*（1977—1982）］的第二个环境保护行动计划，明确提出应根据第一个环境保护行动计划的要求，研究制定铅、氮氧化物、一氧化碳、二氧化硫和悬浮颗粒物、光化学氧化剂、石棉、碳氢化合物和钒共计 9 种污染物的空气质量标准或目标值。1980 年欧共体理事会发布《关于二氧化硫和悬浮颗粒物空气质量限值的理事会指令》［*On Air Quality Limit Values and Guide Values for Sulphur Dioxide and Suspended Particulates*（80/779/EEC）］，这不仅是首次制定实施二氧化硫和悬浮颗粒物的空气质量标准，更是欧共体历史上首次制定环境空气质量标准[8]。1982 年欧共体发布《关于空气中铅限值的理事会指令》［*On a Limit Value for Lead in the Air*（82/884/EEC）］，首次制定实施铅空气质量标准。1983 年，欧共体理事会发布第三个环境保护行动计划（1982—1986 年），其中要求应继续制定空气质量标准，尤其是氮氧化物、碳氢化合物和光化学氧化剂，同时还提出，对于氟化物、镉、汞和一氧化碳，理事会应研究制定区域应用标准的有效性。1985 年欧共体理事会发布《关于二氧化氮空气质量标准理事会指令》，首次制定实施二氧化氮空气质量标准[9]。

欧共体的 3 个环境保护行动计划实施后，环境保护在欧共体各成员国中越来越受到重视。1986 年，欧共体成员国共同修订《罗马条约》，并改名为《单一欧洲法令》，于 1987 年 7 月 1 日正式生效。需要指出的是，这次修订的重点之一就是加强欧共体在环境保护方面采取措施的权力，并在其中增加了第 7 篇——环境保护。这是欧共体有史以来首次将环境保护在基础性条约文件中给出了明确的法律条文规定[10]。根据该法令，欧共体成员国应采取行动保持、保护和改善环境质量，促进人体健康。在《单一欧洲法令》生效后不久，理事会于同年10月19日通过了欧共体第四个环境保护行动计划（1987—1992年），其中要求制定光化学氧化剂（臭氧）的环境空气质量标准。1992年，欧共体理事会发布臭氧空气污染指令，制定为了保护人体健康和生态植被的臭氧的阈限值。

2. 欧盟阶段

1991年12月9—10日，在荷兰马斯特里赫特（Maastricht）举行的第46届欧洲共同体首脑会议通过《欧洲联盟条约》（Treaty of European Union），通称《马斯特里赫特条约》（Treaty of Maastricht，以下简称《马约》）。1992年2月7日，成员国在马斯特里赫特正式签署了《马约》。1993年11月1日，《马约》正式生效，将欧共体正式易名为欧洲联盟（The European Union，以下简称欧盟），同时也把环境保护提到了一个新高度。

《马约》第16章对环境保护进行了专门的法律条文规定，以可持续发展为根本要求，规定对环境保护的要求必须纳入欧盟其他政策的制定和实施中；理事会应按照一定的程序实施行动计划。

《马约》通过后，1993年2月，理事会通过了欧盟的第五个环境保护行动计划（1993—2000年）。该计划要求研究二氧化硫、颗粒物、铅和氮氧化物空气质量标准法律文件存在的问题，提出修订建议；制定臭氧空气质量标准指令；研究一氧化碳、镉以及其他重金属和有机物制定标准的知识水平，识别存在的问题，为下一阶段制定标准奠定基础。该计划还要求制定一个长期的空气质量目标，评价和管理各成员国的环境空气质量。

1996年，欧盟理事会根据欧盟条约和第五个环境保护行动计划的有关要求，发布实施《空气质量评价与管理框架指令》。该指令明确要求，对二氧化硫、二氧化氮、细颗粒物、悬浮颗粒物、铅、臭氧、苯、一氧化碳、多环芳烃、镉、砷、镍、汞共13种污染物，制定环境空气质量标准或目标值，废止欧共体时期制定的空气质量标准；并要求欧盟环境委员会必须于1999年12月31日前提交上述污染物的空气质量标准提案[11]。

在之后的10年里，欧盟理事会根据96/62/EC的要求，分别于1999年、2000年、2002年和2004年颁布了空气质量框架指令的4项子指令（1999/30/

EC、2000/69/EC、2002/3/EC 和 2004/107/EC）[12-15]。与欧共体时期制定的标准相比，进一步收严了二氧化硫、氮氧化物、PM_{10}、铅、臭氧等空气质量标准浓度限值，新增了苯、一氧化碳、砷、镉、镍、多环芳烃等的空气质量标准浓度限值或目标值。2008 年，欧盟理事会将上述指令综合成为一项集环境空气质量评价、空气质量管理及空气质量改善计划于一体的全面、综合的新指令——《欧洲空气质量和清洁空气指令》（2008/50/EC），并增加了 $PM_{2.5}$ 空气质量标准浓度限值[16]。2008 年以来，欧盟的空气质量标准总体上保持稳定不变，见图 2-8。

欧盟环境标准的发展也是欧盟历史发展的一部分，在协作中逐步走向联合。欧盟最大的优势在于"一体化管理"，最大限度地考虑了欧盟各个国家的现实情况，制定统一的环境标准，避免了标准差异化导致的冲突，使各个国家都参与进来，共同保护欧盟各成员国的生态环境。

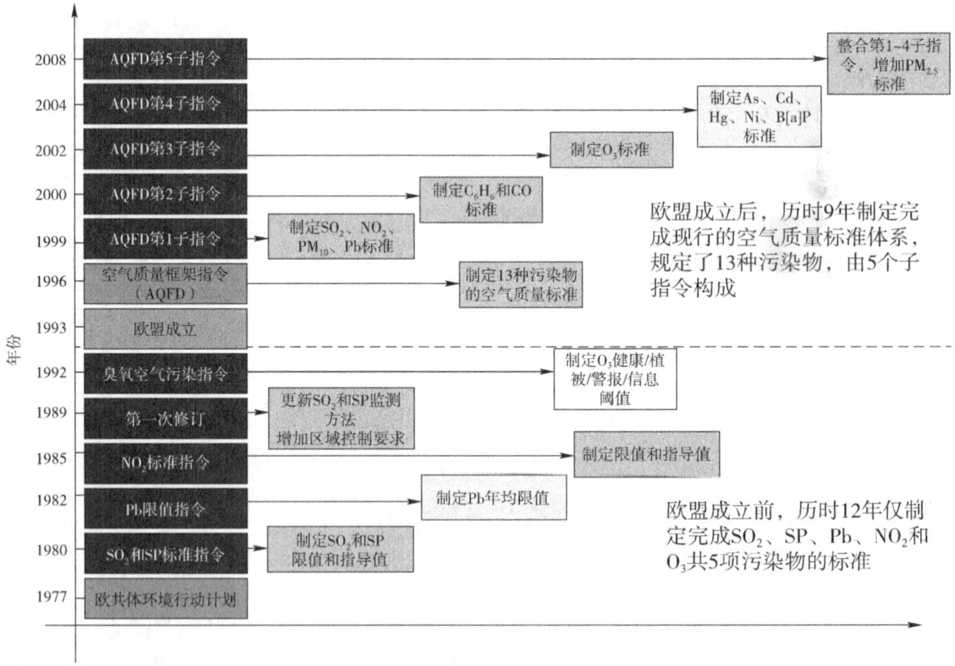

图 2-8　欧盟环境空气质量标准修订过程

（二）空气质量标准限值变化

1. 二氧化硫（SO_2）

欧共体首次制定发布二氧化硫环境空气质量标准是在 1980 年。该标准规定了两种不同颗粒物在监测方法下的年平均、冬季平均和第 98 百分位的浓度限值及指导值。监测方法采用经济合作与发展组织（OECD）的黑烟法（black smoke），年平均浓度限值为 80 μg/m³（SP＞40 μg/m³）和 120 μg/m³（SP≤40 μg/m³），冬季（10 月 1 日—3 月 31 日）平均浓度限值为 130 μg/m³（SP＞60 μg/m³）和 180 μg/m³（SP≤60 μg/m³）；全年第 98 百分位日平均浓度限值为 250 μg/m³（SP＞150 μg/m³）和 350 μg/m³（SP≤150 μg/m³）；年、日平均浓度指导值分别为 40～60 μg/m³ 和 100～150 μg/m³。采用重量法时，二氧化硫年平均浓度限值为 80 μg/m³（SP＞150 μg/m³）和 120 μg/m³（SP≤150 μg/m³），冬季（10 月 1 日—3 月 31 日）平均值为 130 μg/m³（SP＞200 μg/m³）和 180 μg/m³（SP≤200 μg/m³），全年第 98 百分位日平均浓度限值为 250 μg/m³（SP＞350 μg/m³）和 350 μg/m³（SP≤350 μg/m³）。

首次制定的二氧化硫环境空气质量标准之所以附加了悬浮颗粒物浓度条件，是因为在当时 WHO 研究认为，二氧化硫与颗粒物的健康效应难以分开，制定二氧化硫标准时，须考虑悬浮颗粒物（suspended particulate，SP）的影响。欧盟成立前，该标准于 1981 年和 1989 年经历了两次修订，但除了要求加强法律地位外，对浓度限值并没有调整。

欧盟成立后，根据《空气质量评价与管理框架指令》的要求，1999 年欧盟理事会颁布《关于环境空气中二氧化硫、氮氧化物、一氧化氮、颗粒物和铅的限值指令》（1999/30/EC）。其中保护人体健康的二氧化硫空气质量标准规定了 24 小时、1 小时平均浓度限值及警报值，分别为 125 μg/m³、350 μg/m³ 和 500 μg/m³；保护生态系统的标准仅规定了年平均和冬季（10 月 1 日—3 月 31 日）平均浓度限值，均为 20 μg/m³，同时原标准废止。需要说明的是，保护人体健康的二氧化硫 1 小时浓度限值和警报阈值分别采用了 1987 年 WHO 发布的 1 小时和 10 分钟的空气质量指导值，24 小时浓度限值则采用了 1997 年 WHO 发布的 24 小时准则值。

2. 铅（Pb）

1982 年，欧共体理事会颁布关于空气中铅限值的指令（82/884/EEC），首次制定铅的环境空气质量标准，规定年均浓度限值为 2 μg/m³，各成员国可制定更为严格的限值。欧盟成立后，根据空气质量框架指令的要求，1999 年，欧盟理事会以 1999/30/EC 指令形式发布了新的铅环境空气质量标准，废止原标准。新标准规定年平均浓度限值为 0.5 μg/m³，与 1997 年 WHO 发布的铅空气质量指导值一致。

3. 颗粒物（SP、PM_{10} 和 $PM_{2.5}$）

1980 年，欧共体理事会颁布 80/779/EEC 指令，首次制定并实施悬浮颗粒物（SP，空气动力学当量直径≤100 μm 的颗粒物）空气质量标准，规定了采用黑烟法和重量法监测颗粒物时的年平均、冬季平均、全年第 98 百分位日平均浓度限值和指导值。根据该标准，采用黑烟监测方法时，SP 年和冬季平均浓度限值分别为 80 μg/m³ 和 130 μg/m³，全年第 98 百分位日平均限值为 250 μg/m³，年平均浓度指导值和日平均浓度指导值分别为 40～60 μg/m³ 和 100～150 μg/m³。采用重量监测方法时，SP 年平均浓度限值为 150 μg/m³，全年第 98 百分位日平均浓度限值为 300 μg/m³。

欧盟成立后，按照《空气质量评价与管理框架指令》（96/62/EC）的要求，欧盟理事会于 1999 年首次在 1999/30/EC 中规定了实施第一和第二阶段可吸入颗粒物（PM_{10}，空气动力学当量直径≤10 μm 的颗粒物）的空气质量标准，废止欧共体制定的 SP 空气质量标准。第一阶段（至 2005 年）要求达到的 PM_{10} 年和日平均浓度限值分别为 40 μg/m³ 和 50 μg/m³（1 年不得超过 35 次）；2005 年以后执行第二阶段标准，年平均浓度限值和日平均浓度限值分别为 20 μg/m³ 和 50 μg/m³（1 年不得超过 7 次），要求 2010 年 1 月 1 日达标。对于 $PM_{2.5}$，该指令未规定限值，但明确要求各成员国建设监测站点并全面开展 $PM_{2.5}$ 监测研究。需要指出的是，由于 2005 年欧盟很多监测点位 PM_{10} 仍然无法达到第一阶段的限值，不得已延长其达标期限，导致第二阶段标准至今无法得到实施。

1999 年后，随着欧盟对其辖区内 $PM_{2.5}$ 污染特征监测研究的不断深入，尤其是 2005 年 WHO 新的《空气质量导则》规定了 $PM_{2.5}$ 的指导值，欧盟认

为制定 $PM_{2.5}$ 环境空气质量标准的条件已经成熟。时隔 9 年，欧盟在 2008 年发布的《欧洲空气质量和清洁空气指令》（2008/50/EC）中正式将 $PM_{2.5}$ 纳入标准，但仅规定了两个阶段的年平均浓度限值。第一阶段年平均浓度限值为 25 μg/m^3，要求 2015 年 1 月 1 日达标。第二阶段年平均浓度限值为 20 μg/m^3，要求 2020 年 1 月 1 日达标。

4. 二氧化氮（NO_2）

1985 年，欧共体理事会颁布 85/203/EEC 指令，首次制定了保护人体健康的二氧化氮空气质量标准，规定二氧化氮全年第 98 百分位和第 50 百分位小时平均浓度限值分别为 200 μg/m^3 和 50 μg/m^3，全年第 98 百分位小时平均浓度指导值为 135 μg/m^3，该标准分别于 1985 年和 1991 年进行了两次修订，但并未调整限值。

欧盟成立后，1999 年欧盟理事会对欧共体时期制定的上述标准进行了修订，取消了上述保护人体健康的第 98 百分位和第 50 百分位平均浓度限值，增加了 1 小时和年平均浓度限值，分别为 200 μg/m^3（每年允许超标 18 次）和 40 μg/m^3，与 1997 年 WHO 发布的指导值一致；警报值为 400 μg/m^3，与 1987 年 WHO 发布的 1 小时指导值相同。同时，为了保护生态植被，控制酸沉降，该指令还规定了保护植被的二氧化氮年均浓度限值为 30 μg/m^3。

5. 臭氧（O_3）

1992 年，欧共体理事会颁布《有关臭氧空气污染的指令》（92/72/EEC），首次规定了臭氧保护人体健康的阈限值（threshold，超过该值人体健康得不到安全防护）和植被的阈限值（超过该值植被将会受到影响），以及臭氧对敏感人群有健康风险的信息发布阈限值和对人群有健康风险并应采取控制措施的警报阈限值。对于保护人体健康，仅规定了 8 小时平均的阈限值为 110 μg/m^3，是依据 WHO 在 1987 年发布的 8 小时平均浓度指导值 100～120 μg/m^3 确定的；对于保护植被，规定了 1 小时和 24 小时平均浓度阈限值，分别为 200 μg/m^3 和 65 μg/m^3；对于污染信息发布和警报值，规定了 1 小时平均浓度阈限值，分别为 180 μg/m^3 和 360 μg/m^3。

欧盟成立后，修订了上述标准，并于 2002 年颁布新的《有关环境空气中臭氧的指令》（2002/3/EC），规定了保护人体健康和植被的目标值（target values，在规定的时间内应该达到的、长期内能够避免对人体健康和环境产生有害影响的固定水平值）和长期目标值（long time objective，根据当前的科学知识水平，低于该值不可能对人体和环境有直接不利影响，作为有效保护人体健康和环境的目标，只有长期努力才能够达到，一般措施无法实现），以及污染信息发布和警报阈限值。其中保护人体健康的目标值和长期目标值，均规定了日最大 8 小时平均浓度限值，分别为 120 μg/m³ 和 120 μg/m³（平均 3 年每年不得超过 25 天），限值与 WHO 在 2000 年发布的欧洲空气质量指导值一致。保护植被标准的目标值和长期目标值分别为 18 000 μg/（m³·h）（AOT40，每年 5—7 月，5 年平均）和 6 000 μg/（m³·h）（AOT40，每年 5—7 月），目标值于 2010 年 1 月 1 日生效。对于臭氧污染信息发布及警报，均规定了 1 小时平均浓度阈限值，分别为 180 μg/m³ 和 240 μg/m³。

可以看出，相较于 1992 年的标准，修订后的标准中对保护人体健康的指标未发生任何变化，仍为平均浓度，限值仅略有放宽，而保护植被的指标则由平均浓度调整为累积暴露量 AOT40，即每天 8：00～20：00，每小时臭氧浓度超出 40 ppb 部分的加和；还可以看出污染信息发布阈限值没有调整，而警报阈限值收严了 1/3。

6. 其他污染物浓度限值

2000 年后，欧盟理事会根据《空气质量评价与管理框架指令》的要求首次发布了苯、一氧化碳、多环芳烃、镉、砷、镍 6 种污染物保护人体健康的环境空气质量标准限值或目标值，其中苯、多环芳烃、镉、砷和镍仅规定了年平均浓度限值，分别为 5 μg/m³、1 ng/m³、5 ng/m³、6 ng/m³ 和 20 ng/m³；对于一氧化碳，仅规定了日最大 8 小时平均浓度限值为 10 mg/m³。至今，上述污染物的浓度限值没有再进行过修订调整。

参考文献

[1] Wang Z, Tan Y, Guo M, et al. Prospect of China's ambient air quality standards[J]. Journal of Environmental Sciences, 2023, 123: 255-269.

[2] World Health Organization Regional Office for Europe. Air quality guidelines for Europe[R]. Geneva: World Health Organization, 1987.

[3] World Health Organization Regional Office for Europe. Air quality guidelines for Europe

(second edition)[R]. Geneva: World Health Organization, 2000.
[4] World Health Organization. Air quality guidelines (global update)[R]. Geneva: World Health Organization, 2005.
[5] World Health Organization. WHO global air quality guidelines[R]. Geneva: World Health Organization, 2021.
[6] 王占山，车飞，任春，等 . 美国环境空气质量标准制修订历程 [J]. 环境工程技术学报，2013，3(03): 240-246.
[7] 寒放 . 欧洲一体化的新阶段——欧洲联盟启动 [J]. 世界知识 , 1993, 23: 16-17.
[8] Smeets J. Air quality limit and guide values for sulphur dioxide and suspended particulates—A European community directive[J]. Environmental Monitoring and Assessment, 1982, 1(4): 373-382.
[9] Lindvall T. Recommendations for Air Quality Standards for Nitrogen Dioxide and Ozone[J]. Scandinavian Journal of Work, Environment & Health, 1985, 11(suppl 3): 3-9.
[10] Glaesner, H.- J. The Single European Act[J]. Yearbook of European Law, 1986, 6(1): 283-312.
[11] Directive H. Council Directive 96/62/EC of 27 September 1996 on ambient air quality assessment and management[J]. Official Journal L, 1996.
[12] The council of the European Union. Council Directive 1999/30/EC of 22 April 1999 relating to limit values for sulphur dioxide，nitrogen dioxide and oxides of nitrogen，particulate matter and lead in ambient air[EB/OL]. (2008-11-06)[2022-10-01]. https://eur-lex.europa.eu/legal-content/EN/TXT/?uri=CELEX: 31999L0030.
[13] The council of the European Union. Directive 2000/69/EC of the European Parliament and of the Council of 16 November 2000 relating to limit values for benzene and carbon monoxide in ambient air[EB/OL]. (2008-11-06)[2022-10-01]. https://eur-lex.europa.eu/legal-content/EN/TXT/?uri=CELEX: 32000L0069.
[14] The council of the European Union. Directive 2002/3/EC of the European Parliament and of the Council of 12 February 2002 relating to ozone in ambient air[EB/OL]. (2008-11-06)[2022-10-01]. https://eur-lex.europa.eu/legal-content/EN/TXT/?uri=CELEX%3A32002L0003.
[15] The European Parliament and the council of the European Union. Directive 2004/107/EC of the European Parliament and of the Council of 15 December 2004 relating to arsenic, cadmium, mercury, nickel and polycyclic aromatic hydrocarbons in ambient air[EB/OL]. (2015-09-18)[2022-10-01]. https://eur-lex.europa.eu/legal-content/EN/TXT/?uri=CELEX:32004L0107.
[16] The European Parliament and the council of the European Union. Directive 2008/50/EC of the European Parliament and of the Council of 21 May 2008 on ambient air quality and cleaner air for Europe[EB/OL]. (2015-09-18)[2022-10-01]. https://eur-lex.europa.eu/legal-content/en/ALL/?uri=CELEX:32008L0050.

第三部分

中外国家、地区和国际组织现行环境空气质量标准

一、亚洲

（一）中国

1. 中国大陆

（1）标准简介

1982 年，中国发布并实施了首个环境空气质量标准——《大气环境质量标准》（GB 3095—82）。至今已补充一次，修订两次。现行《环境空气质量标准》（GB 3095—2012）于 2012 年 2 月发布，强调以保护人体健康为首要目标，调整了环境空气功能区分类的方案，进一步扩大了人群保护范围；调整了污染物项目及限值，增设了 $PM_{2.5}$ 平均浓度限值和臭氧 8 小时平均浓度限值；收紧了 PM_{10} 等污染物的浓度限值，收严了监测数据统计的有效性规定，将有效数据要求由原来的 50%～75% 提高至 75%～90%；更新了二氧化硫、二氧化氮、臭氧、颗粒物等污染物项目的分析方法，增加了自动监测分析方法。

（2）现行标准主要内容

现行标准规定了环境空气功能区分类、标准分级、污染物项目、平均时间及浓度限值、监测方法、数据统计有效性的规定及实施与监督等内容，适用于全国范围内（港澳台除外）环境空气质量评价与管理。气体污染物浓度按照大气温度 298.15 K、大气压力 1 013.25 hPa 折算。

（3）现行标准保护对象

环境空气功能区分为两类：一类区为自然保护区、风景名胜区和其他需要特殊保护的区域；二类区为居住区、商业交通居民混合区、文化区、工业区和农村地区。一类区适用一级浓度限值，二类区适用二级浓度限值。

（4）现行标准控制项目及限值

中国现行环境空气质量标准中规定了常规的二氧化硫、一氧化碳、二氧化氮、臭氧、$PM_{2.5}$ 和 PM_{10} 6 项基本项目及标准限值（表 3-1），基本项目在全国范围内实施；该标准还规定了总悬浮颗粒物、氮氧化物、铅、苯并[*a*]芘等4项其他项目（表3-2），由国务院环境保护行政主管部门或者省级人民政府根据实际情况，确定具体实施方式。此外，标准还规定了镉、汞、砷、六价铬、氟化物5项参考项目（表3-3），供各省级人民政府可根据当地环境保护的需要，针对环境污染的特点，制定地方环境空气质量标准参考。

表3-1　中国环境空气污染物基本项目浓度限值

序号	污染物项目	平均时间	浓度限值		单位	达标统计规定
			一级	二级		
1	SO_2	年平均	20	60	μg/m³	—
		24小时平均	50	150		每年24小时平均第98百分位数
		1小时平均	150	500		—
2	NO_2	年平均	40	40		—
		24小时平均	80	80		每年24小时平均第98百分位数
		1小时平均	200	200		—
3	CO	24小时平均	4.0	4.0	mg/m³	每年24小时平均第95百分位数
		1小时平均	10.0	10.0		—
4	O_3	日最大8小时平均	100	160	μg/m³	每年日最大8小时平均第90百分位数
		1小时平均	160	200		—
5	PM_{10}	年平均	40	70		—
		24小时平均	50	150		每年24小时平均第95百分位数
6	$PM_{2.5}$	年平均	15	35		—
		24小时平均	35	75		每年24小时平均第95百分位数

表 3-2　中国环境空气污染物其他项目浓度限值

序号	污染物项目	平均时间	浓度限值		单位	达标统计规定
			一级	二级		
1	TSP	年平均	80	200	μg/m³	—
		24 小时平均	120	300		每年 24 小时平均浓度第 95 百分位数
2	NO_x	年平均	50	50		—
		24 小时平均	100	100		每年 24 小时平均浓度第 98 百分位数
		小时平均	250	250		—
3	Pb	年平均	0.5	0.5		—
		季平均	1.0	1.0		—
4	苯并 [*a*] 芘（BaP）	年平均	0.001	0.001		—
		24 小时平均	0.002 5	0.002 5		—

表 3-3　中国环境空气中镉、汞、砷、六价铬和氟化物参考浓度限值

序号	污染物项目	平均时间	浓度（通量）限值		单位
			一级	二级	
1	Cd	年平均	0.005	0.005	μg/m³
2	Hg	年平均	0.050	0.050	
3	As	年平均	0.006	0.006	
4	Cr^{6+}	年平均	0.000 025	0.000 025	
5	F	1 小时平均	20.00①	20.00①	
		24 小时平均	7.00①	7.00①	
		月平均	1.80②	3.00③	μg/（dm²·d）
		植物生长季平均	1.20②	2.00③	

注：① 适用于城市地区。

② 适用于牧业区和以牧业为主的半农半牧区，蚕桑区。

③ 适用于农业和林业区。

参考文献

[1] 环境保护部科技标准司 . 环境空气质量标准：GB 3095—2012[S]. 北京：中国环境科学出版社，2012.

2. 中国香港

（1）标准简介

1959 年，中国香港特别行政区（以下简称中国香港）首次颁布有关空气污染管制的法律——《保持空气清洁条例》，以管制燃料燃烧所产生的排放物。1983 年，中国香港颁布《空气污染管制条例》，把管制范围扩大至非燃烧工序所造成的空气污染，并规定了 7 项空气质素指标。2009 年，中国香港特区政府制定并发布了《环境空气质素标准》，增加了 $PM_{2.5}$ 的标准限值。2013 年，中国香港特区政府修订了《空气污染管制条例》，对空气质素指标进行了更新，并规定最少每 5 年对标准进行一次评估。

（2）现行标准主要内容

现行标准规定了污染物项目、平均时间及浓度限值、监测方法、数据统计有效性的规定及实施与监督等内容。适用于中国香港范围内环境空气质量评价与管理。

（3）现行标准控制项目及限值

中国香港现行空气质素指标中污染物项目共 7 项，包括二氧化硫、PM_{10}、$PM_{2.5}$、一氧化碳、二氧化氮和臭氧以及有毒污染物铅，各污染物浓度限值见表 3-4。

表 3-4　空气质素标准污染物浓度限值（中国香港）

序号	污染物项目	平均时间	浓度限值①/（$\mu g/m^3$）	容许超标次数
1	SO_2	10 分钟	500	3
		24 小时	125	3
2	PM_{10}②	24 小时	100	9
		1 年	50	不适用
3	$PM_{2.5}$③	24 小时	75	9
		1 年	35	不适用
4	NO_2	1 小时	200	18
		1 年	40	不适用

续表

序号	污染物项目	平均时间	浓度限值[①] /（μg/m^3）	容许超标次数
5	O_3	8 小时	160	9
6	CO	1 小时	30 000	0
		8 小时	10 000	0
7	Pb	1 年	0.5	不适用

注：① 二氧化硫、二氧化氮、臭氧和一氧化碳等气体空气污染物的浓度，均须以 293 K 为参考温度及 101.325 kPa 为参考压力而予以调整。

② PM_{10} 指空气中标称气动直径为 10 μm 或以下的悬浮颗粒。

③ $PM_{2.5}$ 指空气中标称气动直径为 2.5 μm 或以下的悬浮颗粒。

参考文献

[1] 中国香港特别行政区政府环境保护署 .《空气污染管制条例》简介 [EB/OL]. [2023-09-16]. https://www.epd.gov.hk/epd/sc_chi/environmentinhk/air/guide_ref/guide_apco.html.

[2] 中国香港特别行政区政府环境保护署 . 空气质素指标 [EB/OL]. [2023-09-16]. https://www.epd.gov.hk/epd/sc_chi/environmentinhk/air/air_quality_objectives/air_quality_objectives.html

3. 中国台湾

（1）标准简介

1992 年 2 月，中国台湾发布了空气污染控制相关规定，4 月，中国台湾环境保护主管部门首次制定并发布了《空气品质标准》，规定了总悬浮颗粒物、PM_{10}、二氧化硫、一氧化碳、二氧化氮、臭氧和铅等 7 项污染物的环境空气质量标准限值。中国台湾分别于 1999 年、2004 年、2012 年修订了《空气品质标准》。现行标准于 2012 年 5 月发布，增加了 $PM_{2.5}$ 年平均值及 24 小时值，并增加了 $PM_{2.5}$ 的空气品质防制区及总量管制区的达标统计规定。

（2）现行标准主要内容

台湾省现行《空气品质标准》规定了标准制定的依据、污染物项目、平均时间及浓度限值、平均时间的定义、达标统计规定、数据统计有效性的规定、监测要求等内容。

（3）现行标准控制项目及限值

台湾省现行《空气品质标准》规定了总悬浮颗粒物、PM_{10}、$PM_{2.5}$、二氧化硫、一氧化碳、二氧化氮、臭氧和铅等8项污染物项目及标准限值（表3-5），在全省范围内实施。

表3-5　空气品质标准限值（中国台湾）

序号	污染物项目	平均时间	原文浓度限值	折算浓度限值	达标统计规定
1	TSP	24小时值	250 μg/m³	—	每年24小时平均第98百分位数
		年几何平均	130 μg/m³	—	—
2	PM_{10}	24小时值	125 μg/m³	—	每年24小时平均第98百分位数
		年几何平均	65 μg/m³	—	—
3	$PM_{2.5}$	24小时值	35 μg/m³	—	每年24小时平均第98百分位数
		年平均	15 μg/m³	—	—
4	SO_2	1小时平均	0.25 ppm	655 μg/m³	—
		日平均	0.1 ppm	262 μg/m³	—
		年平均	0.03 ppm	79 μg/m³	—
5	NO_2	1小时平均	0.25 ppm	470 μg/m³	—
		年平均	0.05 ppm	94 μg/m³	—
6	CO	1小时平均	35 ppm	39 mg/m³	—
		8小时平均	9 ppm	10 mg/m³	—
7	O_3	1小时平均	0.12 ppm	234 μg/m³	—
		8小时平均	0.06 ppm	117 μg/m³	—
8	Pb	月平均	1.0 μg/m³	—	—

注：1. 按照大气温度298.15 K、大气压力1 013.25 hPa折算质量浓度限值。
2. 年几何平均值：指全年中各24小时值的几何平均值。
3. 月平均值：指全月中各日平均值的算术平均值。
4. 日平均值：指1日内各小时平均值的算术平均值。
5. 24小时值：指连续24小时所得的样本经分析后所得的值。
6. 8小时值：指连续8小时的小时平均值的算术平均值。
7. 1小时值：指1小时内各测值的算术平均值。

（二）韩国

1. 标准简介

1963 年，韩国颁布的《环境保护法》要求控制环境空气污染，实施清洁空气保护。1977 年颁布了《环境污染预防法》，1978 年制定了二氧化硫的标准。1983 年将一氧化碳、二氧化氮、总悬浮颗粒物、臭氧和碳氢化合物添加到了受管制的污染物清单中并制定了环境空气质量标准，1991 年又添加了铅。二氧化氮和一氧化碳的标准限值分别于 1993 年和 1995 年进行了修订。1995 年，PM_{10} 法规出台。2001 年，废除总悬浮颗粒物环境标准，但收紧了二氧化氮、PM_{10} 和铅的空气质量标准限值。在 2007 年，加强了二氧化氮标准，制定了新的污染物苯的标准，并于 2010 年开始实施。

除了国家政策外，韩国还制定了立法，以重点保护某些大都市地区的空气质量。首尔大都会空气质量改善促进组织于 2002 年 4 月成立。2003 年 12 月，该组织批准了《大都市空气质量改善特别法》，该法为改善大都市空气质量提供了法律依据。2006 年 6 月制定了 5 个主要大都市地区（首尔除外）和光阳湾地区的 10 年规划。清洁空气保护法案和都市空气质量改善特别法案最近一次修订是在 2008 年 3 月 21 日。

2. 现行标准主要内容

现行标准规定了污染物项目、平均时间及浓度限值等内容。适用于韩国全国范围内环境空气质量评价与管理。

3. 现行标准控制项目及限值

韩国现行环境空气质量标准中规定了常规的二氧化硫、一氧化碳、二氧化氮、PM_{10}、臭氧、铅、苯等 7 项基本项目及标准限值（表 3-6），基本项目在全国范围内实施。

表 3-6　国家环境空气质量标准（韩国）

序号	污染物项目	平均时间	浓度限值	折算浓度限值
1	SO_2	年平均	0.02 ppm	52 μg/m^3
		24 小时平均	0.05 ppm	131 μg/m^3
		1 小时平均	0.15 ppm	393 μg/m^3

续表

序号	污染物项目	平均时间	浓度限值	折算浓度限值
2	CO	8 小时平均	9 ppm	10 310 μg/m^3
		1 小时平均	25 ppm	28 630 μg/m^3
3	NO_2	年平均	0.03 ppm	56 μg/m^3
		24 小时平均	0.06 ppm	112 μg/m^3
		1 小时平均	0.1 ppm	190 μg/m^3
4	PM_{10}	年平均	50 μg/m^3	—
		24 小时平均	100 μg/m^3	—
5	O_3	8 小时平均	0.06 ppm	120 μg/m^3
		1 小时平均	0.1 ppm	200 μg/m^3
6	Pb	年平均	0.5 μg/m^3	—
7	苯	年平均	5 μg/m^3	—

注：1. 1 小时平均、8 小时平均和 24 小时平均：每年第 99 百分位数应低于标准限值。

2. PM_{10}：直径小于 10 μm 的颗粒物。

参考文献

[1] South Korea: Air Quality Standards [EB/OL]. [2020-07-19]. http://www.airkorea.or.kr/eng/information/ airQualityStandards.

[2] Clean Air Conservation Act [EB/OL]. (2019-01-15) [2020-07-19]. http://elaw.klri.re.kr/eng_service/lawView.do?hseq=49746&lang=ENG.

（三）泰国

1. 标准简介

1992 年，泰国颁布了《国家环境质量促进和保护法》（*Enhancement and Conservation of the National Environmental Quality Act*，B.E. 2535），其中规定由国家环境委员会制定环境空气质量标准。1995 年 4 月 10 日，泰国国家环境委员会发布通知（No.10，B.E.2538），发布了国家《环境空气质量标准》。之后泰国分别于 1995 年、2001 年、2004 年、2007 年、2009 年和 2010 年对标准进行了修订。

2. 现行标准主要内容

现行泰国《环境空气质量标准》规定了环境空气污染物项目、平均时间及浓度限值、监测方法等内容，适用于泰国全国范围内环境空气质量评价与管理。

3. 现行标准控制项目及限值

泰国《环境空气质量标准》主要规定了 8 种大气污染物的标准，即一氧化碳、二氧化氮、二氧化硫、臭氧、铅、总悬浮颗粒物、PM_{10}、$PM_{2.5}$。

表 3-7　国家环境空气污染物基本项目浓度限值（泰国）

序号	污染物项目	平均时间	标准限值
1	CO	1 小时平均	30 ppm（34.2 mg/m^3）
		8 小时平均	9 ppm（10.26 mg/m^3）
2	NO_2	1 小时平均	0.17 ppm（320 μg/m^3）
		年平均	0.03 ppm（57 μg/m^3）
3	O_3	1 小时平均	0.10 ppm（200 μg/m^3）
		8 小时平均	0.07 ppm（140 μg/m^3）
4	SO_2	年平均	0.04 ppm（100 μg/m^3）
		24 小时平均	0.12 ppm（300 μg/m^3）
		1 小时平均	0.3 ppm（780 μg/m^3）
5	Pb	月平均	1.5 μg/m^3
6	TSP	24 小时平均	330 μg/m^3
		年平均	100 μg/m^3
7	PM_{10}	24 小时平均	120 μg/m^3
		年平均	50 μg/m^3
8	$PM_{2.5}$	24 小时平均	50 μg/m^3
		年平均	25 μg/m^3

注：1. 短期平均标准（1 小时、8 小时和 24 小时）是为了防止对人类健康造成急性影响。
2. 长期平均标准（1 个月和 1 年）是为了防止对人类健康造成长期或慢性影响。

参考文献

[1] 驻泰国经商参处 . 泰国环境管理概况 [EB/OL]. (2018-04-17) [2020-07-12]. http://th.mofcom.gov.cn/article/ddfg/qita/201804/20180402733261.shtml.

[2] Ministry of Natural Resources and Environment[EB/OL]. [2020-07-12]. https://www.ieat.go.th/handbook/Program_IEAT/pages/en/Department/MONRE.html#.

（四）印度尼西亚

1. 标准简介

1988 年，印度尼西亚颁布第 2 号环境部部长令，规定了二氧化硫、氮氧化物、粉尘等 9 项污染物项目的环境空气质量标准限值。该标准每 5 年修订一次，以跟上污染防治技术的发展。

2. 现行标准主要内容

现行标准规定了污染物项目、平均时间、浓度限值、监测方法和仪器等内容。适用于印度尼西亚全国范围内环境空气质量评价与管理。

3. 现行标准控制项目及限值

印度尼西亚现行环境空气质量标准中规定了常规的二氧化硫、一氧化碳、二氧化氮、臭氧、碳氢化合物、PM_{10}、$PM_{2.5}$、总悬浮颗粒物、铅、降尘、总氟化物、氟指数、氯和二氧化氯、硫指数 14 项污染物项目的标准限值（表 3-8）。

表 3-8　国家环境空气质量标准（印度尼西亚）

序号	污染物项目	平均时间	浓度限值 /（μg/m³）
1	SO_2	1 小时平均	900
		24 小时平均	365
		年平均	60
2	CO	1 小时平均	30 000
		24 小时平均	10 000
3	NO_2	1 小时平均	400
		24 小时平均	150
		年平均	100

续表

序号	污染物项目	平均时间	浓度限值 / (μg/m^3)
4	O_3	1 小时平均	235
		年平均	50
5	碳氢化合物	3 小时平均	160
6	PM_{10}	24 小时平均	150
7	$PM_{2.5}$	24 小时平均	65
		年平均	15
8	TSP	24 小时平均	230
		年平均	90
9	Pb	24 小时平均	2
		年平均	1
10	降尘	30 天平均	10 t/（km^2·月）（住宅区）
			20 t/（km^2·月）（工业区）
11	总氟化物	24 小时平均	3
		90 天平均	0.5
12	氟指数	30 天平均	40 μg/100 cm^3
13	氯和二氧化氯	24 小时平均	150
14	硫指数	30 天平均	1 μg/100 cm^3

注：序号 11 到 14 仅适用于基础化学工业的区域 / 地区，如石油化工和硫酸制造区。

参考文献

[1] Current State of Environmental Problems and Movements in Laws and Regulations in Indonesia[EB/OL]. [2020-07-24]. https://www.env.go.jp/earth/coop/oemjc/ind/e/indonee2.pdf.

[2] Indonesia：Air Quality Profile[EB/OL]. [2020-07-24]. http://www.indiaenvironmentportal.org.in/files/Indonesia_Air_Quality_Profile_-_2010_Edition.pdf.

[3] Peraturan Pemerintah Republik Indonesia Nomor 41 Tahun 1999 Tentang Pengendalian Pencemaran Udara[EB/OL]. [2020-07-24]. https://ppkl.menlhk.go.id/website/index.php?q=633&s=43b4d1d4656278e0d1055d505443f404f81ab422.

（五）印度

1. 标准简介

1972 年 6 月，印度在联合国人类居住区环境会议上宣誓，将采取适当措施来保护空气质量及控制空气污染。1981 年，印度议会通过了《空气法（防止和控制污染）》。1994 年 4 月 11 日，印度中央污染控制委员会根据《空气法（防止和控制污染）》制定了《国家环境空气质量标准（印度）》，并立即生效。至今，《国家环境空气质量标准（印度）》已经进行了 9 次修订。现行的《国家环境空气质量标准（印度）》是在 1994 年 4 月版本的基础上，将工业区与居民区、郊区以及其他区域进行合并，并制定统一的限值；更新了二氧化硫、二氧化氮、PM_{10}、铅、一氧化氮的限值，新增了 $PM_{2.5}$、臭氧、氨气、苯、苯并 [*a*] 芘、砷和镍等 7 项污染物的标准限值，并于 2009 年 11 月进行了修改作为现行标准。

2. 现行标准主要内容

现行标准规定了环境空气功能区分类和污染物项目、平均时间及浓度限值、监测方法及数据统计有效性的规定等内容。适用于印度全国范围内环境空气质量评价与管理。

3. 现行标准保护对象

环境空气功能区分为两类：一类区为中央政府规定的生态敏感区，二类区为工业区、居民区、郊区以及其他区域。

4. 现行标准控制项目及限值

印度现行环境空气质量标准中规定了常规的二氧化硫、二氧化氮、PM_{10}、$PM_{2.5}$、臭氧、铅、一氧化碳、氨气、苯、苯并 [*a*] 芘、砷和镍 12 项基本项目及标准限值（表 3-9），基本项目在全国范围内实施。

表 3-9 国家环境空气质量标准（印度）

序号	污染物项目	平均时间	浓度限值		单位
			工业区、居民区、郊区以及其他区域	中央政府规定的生态敏感区	
1	SO_2	年平均	50	20	μg/m³
		24 小时平均	80	80	
2	NO_2	年平均	40	30	
		24 小时平均	80	80	
3	PM_{10}	年平均	60	60	
		24 小时平均	100	100	
4	$PM_{2.5}$	年平均	40	40	
		24 小时平均	60	60	
5	O_3	8 小时平均	100	100	
		1 小时平均	180	180	
6	Pb	年平均	0.50	0.50	
		24 小时平均	1.0	1.0	
7	CO	8 小时平均	2	2	mg/m³
		1 小时平均	4	4	
8	NH_3	年平均	100	100	μg/m³
		24 小时平均	400	400	
9	苯	年平均	5	5	
10	苯并 [*a*] 芘（BaP）	年平均	1	1	ng/m³
11	As	年平均	6	6	
12	Ni	年平均	20	20	

注：1. “年平均”指每年在特定站点上至少需要 104 次测量的年度算术平均值，每周 24 次，间隔均匀。

2. 一年中有 98% 的时间应遵守 24 小时或 8 小时或 1 小时上述值。在 2% 的时间中，它们可能会超过限值，但不能连续两天超过限值。

3. 在连续 2 天的监测结果中，无论何时何地，若监测结果超出以上针对相应类别指定的限值，应被视为有充分理由进行定期或连续监测等进一步调查。

参考文献

[1] Ambient Air Quality Standards in India, 2009[EB/OL]. [2022-06-22]. http://www.arthapedia.in/index.php?title=Ambient_Air_Quality_Standards_in_India.

（六）日本

1. 标准简介

1968 年，日本通过了《空气污染控制法》，规定日本环境省负责制定环境质量标准。20 世纪 70 年代日本首次制定环境空气质量标准，到 2009 年最新修订，历经两个阶段：第一个阶段是 1970—1996 年，以产业公害型空气污染为主，污染物项目主要以传统的大气污染物质为主，包括二氧化硫、氮氧化物、一氧化碳等；第二个阶段是城市生活型空气污染阶段，以 1996 年日本修订大气污染防治法为标志，除已经开展监测的传统空气污染物外，将低浓度长期暴露于大气中对人类造成慢性毒害的污染物质纳入空气环境质量标准体系，包括苯、三氯乙烯、四氯乙烯、二氯甲烷。1999 年，根据《二噁英物质对策特别措施法》第七条要求制定二噁英类污染的环境质量标准（包括大气、水质及土壤）。2009 年 9 月制定 $PM_{2.5}$ 环境质量标准并公示。

2. 现行标准主要内容

现行标准规定了污染物项目、平均时间及浓度限值、监测方法等内容。适用于日本全国范围内环境空气质量评价与管理。

3. 现行标准控制项目及限值

日本现行环境空气质量标准中规定了常规的二氧化硫、一氧化碳、PM_{10}、二氧化氮、光化学氧化剂、苯、三氯乙烯、四氯乙烯、二氯甲烷、二噁英、$PM_{2.5}$ 等 11 项基本项目及标准限值（表 3-10），基本项目在全国范围内实施。

表 3-10 国家环境空气质量标准（日本）

序号	污染物项目	平均时间	浓度限值	折算浓度限值	达标统计规定
1	SO_2	24 小时平均	0.04 ppm	100 μg/m^3	
		1 小时平均	0.1 ppm	250 μg/m^3	
2	CO	24 小时平均	10 ppm	11 450 μg/m^3	
		8 小时平均	20 ppm	22 900 μg/m^3	
3	PM_{10}	24 小时平均	0.1 mg/m^3	100 μg/m^3	
		1 小时平均	0.2 mg/m^3	200 μg/m^3	
4	NO_2	24 小时平均	介于或小于 0.04～0.06 ppm	75～110 μg/m^3	
5	光化学氧化剂	1 小时平均	0.06 ppm	120 μg/m^3	
6	苯	年平均	0.003 mg/m^3	3 μg/m^3	
7	三氯乙烯	年平均	0.2 mg/m^3	200 μg/m^3	
8	四氯乙烯	年平均	0.2 mg/m^3	200 μg/m^3	
9	二氯甲烷	年平均	0.15 mg/m^3	150 μg/m^3	
10	二噁英	年平均	0.6 pg-TEQ/m^3		
11	$PM_{2.5}$	年平均	15 μg/m^3	15 μg/m^3	
		24 小时平均	35 μg/m^3	35 μg/m^3	每年在某地区指定监测地点的第 98 百分位数

注：1. PM_{10} 指直径≤10 μm 的空气颗粒物。

2. 光化学氧化剂是光化学反应产生的氧化物质，如臭氧和过氧乙酰硝酸盐（只有那些能够从中性碘化钾中分离出碘的物质，二氧化氮除外）。

3. $PM_{2.5}$ 指在空气动力学直径为 2.5 μm 时，通过具有 50% 效率截止值的大小选择性进气道的空气颗粒物。

参考文献

[1] Japan: Air Quality Standards[EB/OL]. [2020-07-14]. https://www.transportpolicy.net/standard/japan-air-quality-standards/.

[2] Japan's regulations and environmental law[EB/OL]. [2020-07-14]. http://www.env.go.jp/ en/coop/pollution.html.

[3] Environmental Quality Standards in Japan-Air Quality[EB/OL]. [2020-07-14]. http://www.env.go.jp/en/air/aq/aq.html.

（七）新加坡

1. 标准简介

2009年，新加坡在《新加坡可持续发展蓝图》（Sustainable Singapore Blueprint）中首次设置了二氧化硫和$PM_{2.5}$的国家环境空气质量目标，到2020年年均浓度分别达到15 μg/m³和12 μg/m³。新加坡国家环境署于2010年7月成立了环境空气质量咨询委员会（Air Quality Committee），该委员会基于WHO的全球空气质量准则值于2011年7月修订并发布了"新加坡国家环境空气质量目标"（表3-7）。该委员会还建议新加坡国家环境署应长期致力于实现WHO的全球空气质量准则值。

2. 现行标准主要内容

现行标准规定了污染物项目、平均时间、2020年目标值和长期目标值等内容。适用于新加坡全国范围内环境空气质量管理。

3. 现行标准控制项目及限值

新加坡现行国家环境空气质量目标中规定了常规的二氧化硫、$PM_{2.5}$、PM_{10}、臭氧、二氧化氮、一氧化碳等6项污染物项目及目标值（表3-11），在全国范围内实施。

表3-11　国家环境空气质量目标（新加坡）

序号	污染物项目	平均时间	2020年目标	长期目标	单位	达标统计规定
1	SO_2	24小时平均	50	20	μg/m³	—
		年平均	15	—		—
2	$PM_{2.5}$	24小时平均	37.5	25		每年24小时平均第99百分位数
		年平均	12	10		—
3	PM_{10}	24小时平均	50	—		每年24小时平均第99百分位数
		年平均	20	—		—
4	O_3	日最大8小时平均	100	—		—
5	NO_2	1小时平均	200	—		—
		年平均	40	—		—

续表

序号	污染物项目	平均时间	2020 年目标	长期目标	单位	达标统计规定
6	CO	1 小时平均	30	—	mg/m^3	—
		8 小时平均	10	—		—

注：《新加坡可持续发展蓝图》中 $PM_{2.5}$ 的年度目标为 12 μg/m^3，该目标被保留并且与 WHO 的 $PM_{2.5}$ 阶段性目标值 24 小时平均值 37.5 μg/m^3 目标并行。

参考文献

[1] Air Quality[EB/OL]. [2020-07-17]. https://www.nea.gov.sg/our-services/pollution-control/air-pollution/air-quality.

（八）菲律宾

1. 标准简介

菲律宾主张平衡发展与环境保护的政策，为了实现这一目标，应追求可持续发展。1998 年 7 月 27 日菲律宾第 8749 号共和国法案规定全面实施空气污染控制。1999 年菲律宾国会参议院和众议院颁布制定了《菲律宾清洁空气法》并一直使用至今。《菲律宾清洁空气法》中的“环境空气质量指导值”是指为保护健康或公共福利的目标而划分为短期和长期的特定时间内的污染物浓度。

菲律宾环境与自然资源部应会同其他有关部门，每年检查或修订有害空气污染物清单，并附有保护公众健康安全及社会物质财富的环境指导值或标准值。

2. 现行标准主要内容

现行标准规定了污染物项目、平均时间、浓度限值以及测量方法等内容。适用于菲律宾全国范围内环境空气质量评价与管理。

3. 现行标准控制项目及限值

菲律宾现行环境空气质量标准中规定了常规的总悬浮颗粒物、PM_{10}、$PM_{2.5}$、二氧化硫、二氧化氮、臭氧、一氧化碳、铅等 8 项污染物项目的标准限值（表 3-12）。

表 3-12 国家环境空气质量标准（菲律宾）

序号	污染物项目	平均时间	浓度限值 /（μg/m³）
1	TSP	年平均	90
		24 小时平均	230
2	PM_{10}	年平均	60
		24 小时平均	150
3	$PM_{2.5}$	年平均	25
		24 小时平均	50
4	SO_2	年平均	80
		24 小时平均	180
5	NO_2	24 小时平均	150
6	O_3	8 小时平均	60
		1 小时平均	140
7	CO	8 小时平均	10
		1 小时平均	35
8	Pb	年平均	1
		3 个月平均	1.5

注：1. NCM 代表“标准状态立方米”。

2. 采用人工方法时，每 6 天对 SO_2 和悬浮颗粒物（TSP 和 PM）采样一次。要求每季度至少 12 个采样日或每年 48 个采样日。

3. 对于短期标准，以 98% 的数值表示的最大限值每年不得超过一次。

4. TSP 和 PM_{10} 的年均值以几何平均值报告。

5. 对铅的指导值进行 24 小时监测，并在 3 个滑动日历月内进行平均。任何 3 个月的监测平均值不得超过指导值。

表 3-13 工业区空气污染物的国家环境空气质量标准（菲律宾）

序号	污染物项目[1]	浓度[2]		平均时间	测量方法[3]
		μg/m³	ppm	分钟	
1	氨气	200	0.28	30	纳氏硬化 / 吲哚酚
2	CO_2	30	0.01	30	Tischer 法
3	氯和以 Cl_2 表示的氯化合物	100	0.03	5	甲基橙

续表

序号	污染物项目[1]	浓度[2]		平均时间	测量方法[3]
		μg/m³	ppm	分钟	
4	甲醛	50	0.04	30	变色酸法或 MBTH 比色法
5	HCl	200	0.13	30	碘溶液 Volhard 滴定法
6	H_2S	100	0.07	30	亚甲蓝
7	Pb	20	—	30	原子吸收分光光度法
8	NO_2	375	0.20	30	Greiss-Saltzman 法
		260	0.14	60	
9	苯酚	100	0.03	30	4- 氨基安替比林
10	SO_2	470	0.18	30	比色：对 - 芳基苯胺法
		340	0.13	60	
11	TSP	300	—	60	重量分析
	PM_{10}	200	—	60	

注：1. 1978 年国家污染控制委员会（菲律宾）规章制度中有关锑、砷、镉、石棉、硝酸和硫酸雾的环境标准可作为确定合规性的补充。

2. 在 25℃和一个大气压下测量的 30 分钟的第 98 百分位值。

3. 可采用其他经本部门批准的等效方法。

参考文献

[1] National Air Quality Status Report 2008-2015[EB/OL]. [2020-07-21]. https://studylib.net/doc/26220784/1-air-quality-1.8-national-air-quality-status-report-2008.

[2] REPUBLIC ACT No. 8749[EB/OL]. (1999-06-23)[2020-07-21]. https://lawphil.net/statutes/repacts/ra1999/ra_8749_1999.html.

（九）越南

1. 标准简介

越南于 1991 年制定了《1991—2000 年国家环境与可持续发展计划》，并将其作为环境保护的总体规划。该计划是在联合国开发计划署（UNDP）和其他组织的合作下制定的，它向越南政府建议：①明确中央和地方各级的环境行政部门；②制定环境政策、法律和法规；③建立环境监测系统。为此，

1992年国家科学技术委员会改组为科学、技术和环境部（MOSTE）。第二年（1993年），在MOSTE下成立了越南国家环境局（NEA）。同时，还开展了环境立法工作。首先，1993年12月国民议会通过《环境保护法》（LEP）并于1994年1月10日生效。1994年10月，颁布了《关于指导环境保护法实施的政府法令》（第175/CP号政府法令），以执行基于LEP的环境政策。1995年制定了很多环境标准。其中，关于空气质量的标准有：《空气质量—环境空气质量标准》（TCVN 5937—1995）、《空气质量—环境空气中有害物质的最大允许浓度》（TCVN 5938—1995）。2005年，越南发布了《空气质量—环境空气质量标准》（TCVN 5937—2005）替代《空气质量—环境空气质量标准》（TCVN 5937—1995）。

2. 现行标准主要内容

现行标准规定了污染物项目、平均时间、浓度限值以及测量方法等内容。该标准适用于越南全国范围内环境空气质量评价与管理和评估环境空气质量和监测空气污染，但不适用于评估生产设施或室内空气中的空气质量。

3. 现行标准控制项目及限值

越南现行环境空气质量标准中规定了二氧化硫、一氧化碳、氮氧化物、臭氧、总悬浮颗粒物、PM_{10}、铅7项基本项目及标准限值（表3-14），基本项目在全国范围内实施。

表3-14　国家环境空气质量标准（越南）

序号	污染物项目	平均时间	浓度限值/（μg/m³）	测量方法
1	SO_2	1小时平均	350	对-芳基苯胺或紫外荧光
		24小时平均	125	
		年平均	50	
2	CO	1小时平均	30 000	非分散红外光谱
		8小时平均	10 000	
3	NO_2	1小时平均	200	荧光化学气相
		年平均	40	

续表

序号	污染物项目	平均时间	浓度限值 /（μg/m³）	测量方法
4	O_3	1 小时平均	180	紫外线测试
		8 小时平均	120	
		24 小时平均	80	
5	TSP	1 小时平均	300	大量采样质量分析
		24 小时平均	200	
		年平均	140	
6	PM_{10}	24 小时平均	150	体积分析或惯性分离
		年平均	50	
7	Pb	24 小时平均	1.5	大体积采样和原子吸收光谱
		年平均	0.5	

表 3-15　空气中的有害物质限值

序号	污染物项目	平均时间	浓度限值 /（μg/m³）
无机物质			
1	砷（化合物）	1 小时平均	0.03
		年平均	0.005
2	砷化氢	1 小时平均	0.3
		年平均	0.05
3	盐酸	24 小时平均	60
4	硝酸	1 小时平均	400
		24 小时平均	150
5	硫酸	1 小时平均	300
		24 小时平均	50
		年平均	3
6	二氧化硅含尘＞50%	1 小时平均	150
		24 小时平均	50
7	温石棉	—	1 根纤维 /m³

续表

序号	污染物项目	平均时间	浓度限值 / （μg/m³）
8	镉	1 小时平均	0.4
		8 小时平均	0.2
		年平均	0.005
9	氯气	1 小时平均	100
		24 小时平均	30
10	六价铬	1 小时平均	0.007
		24 小时平均	0.003
		年平均	0.002
11	氢氟酸	1 小时平均	20
		24 小时平均	5
		年平均	1
12	氢氰酸	1 小时平均	10
13	锰及其化合物	1 小时平均	10
		24 小时平均	8
		年平均	0.15
14	镍	24 小时平均	1
15	汞	24 小时平均	0.3
有机物质			
16	丙烯醛	1 小时平均	50
17	丙烯腈	24 小时平均	45
		年平均	22.5
18	苯胺	1 小时平均	50
		24 小时平均	30
19	丙烯酸	年平均	54
20	苯	1 小时平均	22
		年平均	10

续表

序号	污染物项目	平均时间	浓度限值 / （μg/m³）
21	联苯胺	1 小时平均	KPHT
22	氯仿	24 小时平均	16
		年平均	0.04
23	碳氢化合物	1 小时平均	5 000
		24 小时平均	1 500
24	甲醛	1 小时平均	20
25	萘	8 小时平均	500
		24 小时平均	120
26	苯酚	1 小时平均	10
27	四氯乙烯	24 小时平均	100
28	氯乙烯	24 小时平均	26
气味强烈的气体			
29	氨气	1 小时平均	200
30	乙醛	1 小时平均	45
		年平均	30
31	丙酸	8 小时平均	300
32	氢硫酸	1 小时平均	42
33	甲硫醇	1 小时平均	50
		24 小时平均	20
34	苯乙烯	24 小时平均	260
		年平均	190
35	甲苯	最大值	1 000
		1 小时平均	500
		年平均	190
36	二甲苯	1 小时平均	1 000

参考文献

[1] Overview of Environmental Issues and Environmental Conservation Practices in Vietnam [EB/OL]. [2020-07-22]. https://www.env.go.jp/earth/coop/oemjc/viet/e/viete1.pdf.
[2] Tiêu chuẩn Việt Nam TCVN5937:2005[EB/OL]. [2020-07-22]. http://luattrongtay. vn/ViewFullText/Id/c74971c3-b93f-4beb-b0cb-7e7e3d981a93.

（十）柬埔寨

1. 标准简介

柬埔寨《宪法》第 59 条规定，国家应保护环境并平衡丰富的自然资源，制订精确的平衡计划管理土地、水、空气、风、地质、生态系统、矿山、能源、汽油和天然气、岩石和沙子、宝石、森林和林业产品、野生动植物、鱼类和水生资源。1996 年，柬埔寨颁布了《环境保护和自然资源管理法》（LEPNRM），随后又颁布了《控制空气污染和噪声干扰的次级法令》（2000 年）。每个子法令都规定了非常严格的环境质量标准。《控制空气污染和噪声干扰的次级法令》（2000 年）规定了二氧化硫、氮氧化物等 6 种污染物的标准限值。

柬埔寨没有 PM_{10} 和 $PM_{2.5}$ 年浓度的国家标准。不过，柬埔寨建议修订《控制空气污染和噪声干扰的次级法令》（2000 年），纳入 PM_{10} 和 $PM_{2.5}$，以及其他标准。

2. 现行标准主要内容

现行标准规定了污染物项目、平均时间、浓度限值以及测量方法等内容。适用于柬埔寨全国范围内环境空气质量评价与管理。

3. 现行标准控制项目及限值

柬埔寨现行环境空气质量标准中规定了常规的一氧化碳、二氧化氮、二氧化硫、臭氧、铅和总悬浮颗粒物等 6 项基本项目及标准限值（表 3-16），基本项目在全国范围内实施。

表 3-16　国家环境空气质量标准（柬埔寨）]

序号	污染物项目	平均时间	浓度限值 /（mg/m^3）
1	CO	1 小时平均	40
		8 小时平均	20
2	NO_2	1 小时平均	0.3
		24 小时平均	0.1
3	SO_2	1 小时平均	0.5
		24 小时平均	0.3
		年平均	0.1
4	O_3	1 小时平均	0.2
5	Pb	24 小时平均	0.005
6	TSP	24 小时平均	0.33
		年平均	0.1

参考文献

[1] Acid Deposition Monitoring Network In East Asia[EB/OL]. [2020-07-30]. https://www.eanet.asia/wp-content/uploads/2020/04/1-Cambodia_Factsheet_compressed.pdf.

[2] អនុក្រឹត្យស្តីពីការត្រួតពិនិត្យការបំពុលខ្យល់ និងការរំខានដោយសំលេង[EB/OL]. [2020-07-30].https://www.moe.gov.kh/index/2315.

[3] Country Synthesis Report on Urban Air Quality Management[EB/OL]. [2020-07-30]. http://citeseerx.ist.psu.edu/viewdoc/download;jsessionid=FE38249DE6DDBF5A8C4FFD33F9E99F91?doi=10.1.1.404.9615&rep=rep1&type=pdf.

（十一）缅甸

1. 标准简介

目前，缅甸还没有特定国家空气质量标准。2015 年 12 月 29 日发布了第一套《国家环境质量（排放）指南》，以规范多个部门的污染物排放，对于未规定的污染物项目，参考世界卫生组织针对欧洲的空气质量准则。

2. 标准主要内容

现行标准规定了污染物项目、平均时间以及浓度限值等内容。

3. 现行标准控制项目及限值

《国家环境质量（排放）指南》中规定了常规的二氧化氮、臭氧、PM_{10}、$PM_{2.5}$和二氧化硫等5项基本项目及标准限值（表3-17）。

表3-17　国家环境质量（排放）指南（缅甸）

序号	污染物项目	平均时间	浓度限值/（$\mu g/m^3$）
1	NO_2	年平均	40
		1小时平均	120
2	O_3	8小时平均（每日最大值））	100
3	PM_{10}	年平均	20
		24小时平均	50
4	$PM_{2.5}$	年平均	10
		24小时平均	25
5	SO_2	24小时平均	20
		10分钟平均	500

参考文献

[1] Myanmar Emissions Guidelines[EB/OL]. [2020-08-02]. https://www.myanmar-responsiblebusiness.org/resources/emissions-guidelines.html.

[2] Sricharoenvech P, Lai A, Oo T N, et al. Source Apportionment of Coarse Particulate Matter (PM10) in Yangon, Myanmar[J]. International Journal of Environmental Research and Public Health, 2020, 17(11):4145.

[3] Achieving Environmental Sustainability in Myanmar[EB/OL]. [2020-08-02]. https://www.cbd.int/doc/case-studies/inc/cs-inc-myanmar.pdf.

（十二）老挝

1. 标准简介

《老挝人民民主共和国宪法》（1991年）第17条对环境保护作出了规定，要求“所有组织和公民都必须保护环境和自然资源：土地、地下、森林、动物群、水源和大气。”除《宪法》外，2012年新版《环境保护法》（1999年）规定，总理办公室的自然资源和环境部是负责环境保护的主要政府机构。

2012 年老挝开始实行更严格的环境空气质量标准，新增了一氧化碳和铅的控制标准。

2. 现行标准主要内容

现行标准规定了污染物项目、平均时间以及浓度限值等内容。适用于老挝全国范围内环境空气质量评价与管理。

3. 现行标准控制项目及限值

老挝现行环境空气质量标准中规定了常规的总悬浮颗粒物、PM_{10}、二氧化硫、二氧化氮、一氧化碳、铅和臭氧等 7 项基本项目及标准限值（表 3–18），基本项目在全国范围内实施。

表 3–18　国家环境空气质量标准（老挝）

序号	污染物项目	平均时间	浓度限值	单位
1	TSP	24 小时平均	330	μg/m³
		年平均	100	
2	PM_{10}	24 小时平均	120	
		年平均	50	
3	SO_2	1 小时平均	78	
		24 小时平均	30	
		年平均	10	
4	NO_2	1 小时平均	320	
5	CO	1 小时平均	30	mg/m³
		8 小时平均	10.26	
6	Pb	1 小时平均	50	μg/m³
		月平均	1.5	
7	O_3	1 小时平均	200	

参考文献

[1] Profile on Environmental and Social Considerations in Lao P.D.R.[EB/OL]. [2020-08-02]. https://openjicareport.jica.go.jp/pdf/12144762.pdf.

[2] LAO PDR Policies and Practices Concerning Acid Deposition[EB/OL]. [2020-08-02].https://

www.eanet.asia/wp-content/uploads/2020/04/5-Lao-PDR_Factsheet_compressed.pdf.
[3] Lao People's Democratic Republic：Greater Mekong Subregion Flood and Drought Risk Management and Mitigation Project-Initial Environmental Examination Report[EB/OL]. [2020-08-02]. https://www.adb.org/sites/default/files/linked-documents/40190-023-reg-oth-03.pdf.

（十三）马来西亚

1. 标准简介

马来西亚 1989 年发布了环境空气质量标准。新的《环境空气质量标准》采用了 6 项空气污染物标准，包括 6 种现有的空气污染物，即 PM_{10}、二氧化硫、一氧化碳、二氧化氮、地面臭氧和 $PM_{2.5}$。标准设置了两个中期目标，包括 2015 年中期目标 1（IT-1）和 2018 年中期目标 2（IT-2）。

2. 现行标准主要内容

现行标准规定了污染物项目、平均时间以及浓度限值等内容。适用于马来西亚全国范围内环境空气质量评价与管理。

3. 现行标准控制项目及限值

马来西亚现行环境空气质量标准中规定了常规的一氧化碳、二氧化氮、二氧化硫、臭氧和总悬浮颗粒物等 6 项基本项目及标准限值（表 3-19），基本项目在全国范围内实施。

表 3-19　国家环境空气质量标准（马来西亚）

序号	污染物项目	平均时间	浓度限值 /（μg/m³）		
			IT-1（2015 年）	IT-2（2018 年）	标准（2020 年）
1	PM_{10}	1 小时平均	50	45	40
		24 小时平均	100	120	100
2	$PM_{2.5}$	1 小时平均	35	25	15
		24 小时平均	75	50	35
3	SO_2	1 小时平均	350	300	250
		24 小时平均	105	90	80
4	NO_2	1 小时平均	320	300	280
		24 小时平均	75	75	70

续表

序号	污染物项目	平均时间	浓度限值 / （μg/m³）		
			IT-1（2015 年）	IT-2（2018 年）	标准（2020 年）
5	O_3	1 小时平均	200	200	180
		8 小时平均	120	120	100
6	CO*	1 小时平均	35	35	30
		8 小时平均	10	10	10

注：*：浓度限值单位为 mg/m³。

参考文献

[1] Air Quality Standards[EB/OL]. [2020-07-31]. https://www.doe.gov.my/portalv1/en/info-umum/ english-air-quality-trend/108.

（十四）沙特阿拉伯

1. 标准简介

沙特阿拉伯于 1992 年通过了《基本管理法》，其第 32 条规定，该国将致力于环境保护与发展以及防止环境污染的措施。2001 年，沙特阿拉伯制定了《一般环境法》，根据该法第 3 条，成立了气象与环境保护总局，并将其作为环境保护的主管政府机关（The General Authority of Meteorology and Environmental Protection，GAMEP），其前身气象环境保护局（Meteorological Environment Protection Agency，MEPA）。GAMEP 受托制定了环境法规和环境保护标准。

2. 现行标准主要内容

现行标准规定了污染物项目、平均时间、浓度限值、达标统计要求等内容。标准适用于沙特阿拉伯全国范围内环境空气质量评价与管理。

3. 现行标准控制项目及限值

沙特阿拉伯现行环境空气质量标准中规定了常规的一氧化碳、铅、二氧化氮、二氧化硫、苯、PM_{10}、$PM_{2.5}$、臭氧和硫化氢等 9 项基本项目及标准限值（表 3-20），基本项目在全国范围内实施。

表 3-20 国家环境空气质量标准（沙特阿拉伯）

序号	污染物项目	平均时间	浓度限值 μg/m³（ppm）	达标统计要求
1	CO	8 小时平均	10 000（8.1）	0
		1 小时平均	40 000（32）	0
2	Pb	年平均	0.5（0.000 05）	0
3	NO_2	1 小时平均	660（0.35）	30 天内 2 次
		年平均	100（0.05）	0
4	SO_2	1 小时平均	730（0.28）	1 年内 2 次
		24 小时平均	365（0.14）	1 年内 1 次
		年平均	80（0.03）	0
5	苯	年平均	5（0.001 5）	0
6	PM_{10}	24 小时平均	340	1 年内 24 次
		年平均	80	0
7	$PM_{2.5}$	24 小时平均	35	1 年内 24 次
		年平均	15	0
8	O_3	1 小时平均	235（0.12）	30 天内 2 次
		8 小时平均	157（0.08）	7 天内 2 次
9	H_2S	24 小时平均	150（0.1）	1 年内 10 次
		年平均	40（0.03）	0

参考文献

[1] Study on the Integrated Management System of Environment Information [EB/OL]. [2020-08-14]. https://www.meti.go.jp/meti_lib/report/H30FY/000072.pdf.

（十五）阿曼

1. 标准简介

2001 年阿曼苏丹国颁布的《环境污染防护法》（RD 114/2001）确保了阿曼苏丹国境内及专属经济区的内部水域和领海的环境安全原则，明确了空气、水资源和环境的负责部门。为明确环境空气质量标准，2017 年阿曼苏丹国颁布了《环境空气质量条例》（MD 41—2017）。该法律规定了禁止排放超过规定的空气污染物浓度限值，且必须根据规范建立监测站，定期报告有关控制措施；并且当控制装置检测到超过平均值时，环境和气候事务部必须采取一定措施。

2. 现行标准主要内容

现行标准《环境空气质量条例》（MD 41—2017）和《环境污染防护法》（RD 114/2001）中针对空气质量规定了污染物项目、平均时间浓度限值、保护对象、监测方法、实施与监督等内容，适用于阿曼范围内法规性环境空气质量评价与管理。

3. 现行标准控制项目及限值

阿曼现行国家环境空气质量标准《环境空气质量法规》（MD 41—2017）中，针对一氧化碳、二氧化氮、二氧化硫、PM_{10}、$PM_{2.5}$、铅、硫化氢、氨和非甲烷碳氢化合物等 9 项污染物项目及浓度限值要求（表 3-21），以规范相应的法律责任并供阿曼各地严格遵守该浓度值。

表 3-21 环境空气中污染物基本项目的浓度限值

序号	污染物项目	平均时间	原文浓度限值	
1	CO	1 小时平均	30 mg/m³	24.3 ppm
		8 小时平均	10 mg/m³	8.11 ppm
2	NO_2	1 小时平均	250 μg/m³	0.123 ppm
		24 小时平均	130 μg/m³	0.642 ppm
3	SO_2	1 小时平均	350 μg/m³	0.124 ppm
		24 小时平均	150 μg/m³	0.053 2 ppm
4	PM_{10}	24 小时平均	150 μg/m³	—
5	$PM_{2.5}$	24 小时平均	65 μg/m³	—
6	Pb	3 个月平均	1.5 μg/m³	—
7	H_2S	1 小时平均	30 μg/m³	0.020 ppm
8	NH_3	24 小时平均	200 μg/m³	—
9	NMHC	3 小时平均	160 μg/m³	0.24 ppm

参考文献

[1] 阿曼苏丹国 . MD 41—2017 环境空气质量法规 [EB/OL]. (2018-03-12) [2020-08-13]. https://www.pdo.co.om/hseforcontractors/LegalRequirements/Forms/DispForm. aspx?ID=102.

（十六）叙利亚

1. 标准简介

叙利亚于 2003 年设立了《国家环境空气质量标准》（2003 年第 67 号决定），旨在规定空气中污染物的最大允许浓度，目的是预防和控制污染，消除空气污染，保护公众健康和环境，收集和发布污染物数据，评价空气污染物浓度水平与标准之间的差距，推动空气质量改善。

2. 现行标准主要内容

现行标准《国家环境空气质量标准》（2003 年第 67 号决定）规定了污染物项目、平均时间浓度限值、保护对象、监测方法、数据统计有效性的规定和实施与监督等内容，适用于叙利亚范围内法规性环境空气质量评价与管理。

3. 现行标准控制项目及限值

叙利亚现行《国家环境空气质量标准》（2003 年第 67 号决定）中，针对 PM_{10}、臭氧、二氧化氮、二氧化硫、苯、铅、一氧化碳、总悬浮颗粒物和苯并 [*a*] 芘等 9 项污染物项目及浓度限值要求（表 3-22）。

表 3-22　环境空气中污染物基本项目的浓度限值

序号	污染物项目	平均时间	原文浓度限值		达标统计规定
1	PM_{10}	年几何平均	50 μg/m³	—	—
		24 小时值	100 μg/m³	—	—
2	O_3	8 小时平均	120 μg/m³	0.06 ppm	—
		1 小时平均	160 μg/m³	0.08 ppm	—
3	NO_2^{*}	年几何平均	40 μg/m³	0.021 ppm	—
		1 小时平均	200 μg/m³	0.105 ppm	每年允许超标 18 次
4	SO_2^{**}	年几何平均	50 μg/m³	0.019 ppm	—
		10 min 平均	500 μg/m³	0.188 ppm	—

续表

序号	污染物项目	平均时间	原文浓度限值		达标统计规定
4	SO_2**	24 小时值	125 μg/m³	0.047 ppm	每年允许超标 3 次
		1 小时平均	350 μg/m³	0.132 ppm	每年允许超标 24 次
5	苯	年几何平均	20 μg/m³	—	—
6	Pb	年几何平均	1 μg/m³	—	—
7	CO	8 小时平均	10 mg/m³	8.6 ppm	—
		1 小时平均	30 mg/m³	25.8 ppm	—
		30 min 平均	60 mg/m³	51.5 ppm	—
8	TSP	年几何平均	240 μg/m³	—	—
		24 小时值	150 μg/m³	—	—
9	苯并 [*a*] 芘	年几何平均	1 ng/m³	—	—

注：*NO_2 的示警阈值为 400 μg/m³；且 1 小时平均的忍受上限值为 100 μg/m³（50% 的浓度限值）、年几何平均值的忍受上限值为 20 μg/m³（50% 的浓度限值）。

**SO_2 的示警阈值为 500 μg/m³；且 1 小时平均值的忍受上限值为 150 μg/m³（43% 的浓度限值）。

参考文献

[1] 叙利亚政府．国家环境空气质量标准：2003 年第 67 号决定：[EB/OL]. (2003-07-05) [2020- 08-14]. http://www.fao.org/faolex/results/details/en/c/LEX-FAOC053691.

（十七）孟加拉国

1. 标准简介

1995 年，为控制和减轻环境污染，孟加拉国颁布了《孟加拉国环境保护法》（1995 年第 1 号法）。该法规旨在控制水体、空气、土壤的污染，明确负责部门、执法机构、定义生态敏感区域并要求定制针对工业商业等对环境可能造成污染的活动进行管理计划，并设立了惩罚措施。根据该法要求，1997 年颁布的《1997 年环境保护守则》针对 4 项空气污染物规定了不同环境空气功能区的浓度限值。

2. 现行标准主要内容

现行标准《1997 年环境保护守则》和《孟加拉国环境保护法》（1995 年第 1 号法）中规定了环境空气功能区分类、污染物项目、平均时间浓度限值、保护对象、监测方法、数据统计有效性的规定、实施与监督等内容，适用于孟加拉国范围内法规性环境空气质量评价与管理。

3. 现行标准控制项目及限值

现行国家环境空气质量标准《1997 年环境保护守则》和《孟加拉国环境保护法》（1995 年第 1 号法）中，针对悬浮颗粒物、氮氧化物、二氧化硫和一氧化碳 4 个项目及在环境空气中最大允许浓度限值要求（表 3-23），以规范相应的法律责任并供孟加拉国各地严格遵守该浓度值。

表 3-23　环境空气中污染物基本项目的浓度限值

序号	污染物项目	浓度限值 /（μg/m³）				达标统计规定
		工业区及混合区	商业区及混合区	居住区和城市地区	敏感区	
1	SPM	500	400	200	100	—
2	NO_x	100	100	80	30	—
3	SO_2	120	100	80	30	—
4	CO	5 000	5 000	2 000	1 000	—

注：1. 在国家级，敏感区包括古迹，健康中心，医院，考古遗址，教育机构和政府指定的区域（如果有）。

2. 位于未指定为工业区及混合区的工厂不得排放可能导致超出规定区域（居住区和城市地区、敏感区）空气标准的污染物。

3. 悬浮颗粒物是指直径在 10 μm 或更小的空气传播颗粒。

参考文献

[1] Government of the People’s Republic of Bangladesh. পরবিশে সংরক্ষণ, পরবিশেগত মান উন্নয়ন এবং পরবিশে দূষণ নয়িন্ত্রণ ও প্রশমনকল্পে প্রণীত আইন। [EB/OL]. (1995-02- 18) [2020-08-17]. http://bdlaws.minlaw.gov.bd/act-791.html.

[2] Government of the People’ s Republic of Bangladesh. পরবিশে আদালত আইন, ২০১০ [EB/OL]. (2010-11-06) [2020-08-17]. http://bdlaws.minlaw.gov.bd/act-details-1061.html.

（十八）黎巴嫩

1. 标准简介

黎巴嫩环境部参考世卫组织制定了空气质量战略目标，于 1996 年发布了《空气、水和土壤的环境质量和排放限值的规范和标准—1996 年第 52/1 号决定》，其中包括国家环境空气质量标准（NAAQS），该标准沿用至今。2017 年，黎巴嫩环境部发布了《黎巴嫩空气质量管理战略》（2015—2030 年），制定了到 2030 年的空气管理目标，致力于通过监控监测、立法管理、跨部门合作以及可持续发展管理达到“每个公民都有权利享受干净的空气”的战略目标。

2. 现行标准主要内容

现行标准《空气、水和土壤的环境质量和排放限值的规范和标准—1996 年第 52/1 号决定》中针对空气质量规定了污染物项目、平均时间、浓度限值、保护对象、监测方法、数据统计有效性的规定、实施与监督等内容，适用于黎巴嫩范围内法规性环境空气质量评价与管理。

3. 现行标准控制项目及限值

黎巴嫩现行国家环境空气质量标准《空气、水和土壤的环境质量和排放限值的规范和标准—1996 年第 52/1 号决定》中，规定了二氧化硫、二氧化氮、臭氧、一氧化碳、PM_{10}、总悬浮颗粒物、铅和苯 8 项污染物及浓度限值要求（表 3-24），以规范相应的法律责任并供黎巴嫩各地严格遵守该浓度值。

表 3-24　环境空气中污染物基本项目的浓度限值

序号	污染物项目	平均时间	原文浓度限值	折算浓度限值
1	SO_2	24 小时值	120 μg/m³	—
		1 小时平均	350 μg/m³	—
		年几何平均	80 μg/m³	—
2	NO_2	年几何平均	100 μg/m³	—
		1 小时平均	200 μg/m³	—
		24 小时值	150 μg/m³	—

续表

序号	污染物项目	平均时间	原文浓度限值	折算浓度限值
3	O_3	8 小时平均	100 μg/m^3	—
		1 小时平均	150 μg/m^3	—
4	CO	8 小时平均	10 000 μg/m^3	—
		1 小时平均	30 000 μg/m^3	—
5	PM_{10}	24 小时值	80 μg/m^3	—
6	TSP	24 小时值	120 μg/m^3	—
7	Pb	年几何平均	1 μg/m^3	—
8	苯	年几何平均	5 ppm	16.2 μg/m^3

参考文献

[1] 黎巴嫩环境部 . 空气、水和土壤的环境质量和排放限值的规范和标准—1996 年第 52/1 号决定 [EB/OL]. (1996-09-12) [2020-08-19]. http://erml.moe.gov.lb/Temp/Videos/46e8ebb3-7629-4676-8f80-7153a7abd9bb.pdf.

（十九）伊朗

1. 标准简介

1995 年，伊朗通过《防止空气污染法》，要求为保护环境空气质量制定空气质量标准。2009 年，伊朗通过《环境空气质量标准》，规定监测二氧化硫、二氧化氮、一氧化碳、铅、苯、PM_{10}、$PM_{2.5}$、臭氧、苯并 [*a*] 芘 9 种空气污染物。2016 年，伊朗修订《环境空气质量标准》删除了苯并 [*a*] 芘的空气污染限值；调整了臭氧 8 小时限值，二氧化硫 1 小时平均值和 24 小时平均值；增设了二氧化氮 1 小时平均值。

2. 现行标准主要内容

现行标准规定了污染物项目、平均时间及浓度限值及达标统计等内容。标准适用于全国范围内环境空气质量评价与管理 。

3. 现行标准控制项目及限值

现行标准中规定了二氧化硫、二氧化氮、一氧化碳、铅、苯、PM_{10}、$PM_{2.5}$ 和臭氧等 8 项基本项目及标准限值（表 3-25），在全国范围内实施。

表 3-25　环境空气质量标准 2016 版（伊朗）

序号	污染物项目	平均时间	标准浓度限值	折算浓度限值
1	CO	8 小时平均	9 ppm	10 000 μg/m³
		1 小时平均	35 ppm	40 000 μg/m³
2	SO_2	1 小时平均	0.075 ppm	197 μg/m³
		24 小时平均	0.014 ppm	36.6 μg/m³
3	NO_2	年平均	0.053 ppm	100 μg/m³
		1 小时平均	0.100 ppm	200 μg/m³
4	PM_{10}	24 小时平均	150 μg/m³	150 μg/m³
5	$PM_{2.5}$	年平均	12 μg/m³	12 μg/m³
		24 小时平均	35 μg/m³	35 μg/m³
6	O_3	8 小时平均	0.075 ppm	159 μg/m³
7	Pb	年平均	0.5 μg/m³	0.5 μg/m³
		3 个月平均	0.15 μg/m³	0.15 μg/m³
8	苯	年平均	5 μg/m³	5 μg/m³

参考文献

[1] پاک هوای کیفیت استانداردهای“ انتشار به اقدام 1395 .ایران اسلامی جمهوری دولت [EB/ OL].(2016) [2020-08-18].https://ier.tums.ac.ir/%D8%A7%D8%B3%D8%AA%D8%A7%D9%86%D8%AF%D8%A7%D8%B1%D8%AF%D9%87%D8%A7%DB%8C-%D9%87%D9%88%D8%A7%DB%8C-%D9%BE%D8%A7%DA%A9-%D8%A7%DB%8C%D8%B1%D8%A7%D9%86.

二、欧洲

（二十）英国

1. 标准简介

1995 年 7 月 19 日，英国《环境保护法》根据欧盟《97/101/EC 指令》规定英国政府制定国家空气质量战略。《环境保护法》经过 2004 年修订，2006 年再次修订，于 2010 年完成最后审查并发布。1995 年，《环境保护法》第Ⅳ部分《地方空气质量管理概要》要求英国地方政府对本地区的空气质量进行审查，为达到《环境保护法》中对空气质量的要求而制定了战略文件《空气质量战略》，其中，设置了空气质量目标标准，提出了英国的空气质量改善目标，指定空气质量管理区域，并且要求制订减少污染的措施性空气质量行动计划，根据空气质量问题的大小和性质，需要在国家、地区和地方各级采取相应行动。

2008 年，欧盟发布了环境空气质量指令《第 2008/50/EC 号指令》，其中，规定了具有法律约束力的室外环境空气中影响公共健康的主要空气污染物的浓度限值。该指令将《第 96/62/EC 号理事会指令》、《第 1999/30/EC 号理事会指令》、《第 2000/69/EC 号指令》和《第 2002/3/EC 号指令》整合到了一起。英国在《第 2008/50/EC 号指令》的基础上，于 2010 年通过《环境保护法》规定了空气质量标准，并在英格兰成为法律，该法规还纳入了欧盟《第 2004/107/EC 号指令》，该指令规定了室外环境空气中有毒重金属和多环芳烃的浓度限值。苏格兰、威尔士和北爱尔兰于 2010 年亦设立了等效的法规，包括《环境保护法》（苏格兰）、《环境保护法》（威尔士）和《环境保护法》（北爱尔兰）。达到空气质量限值的责任则下放给英格兰、苏格兰、威尔士和北爱尔兰的地方政府主管部门，各地可根据空气质量管理要求制定《地方空气质量管理政策指导》的法规文件。

2019 年，英国设立了《环境法过渡清单》，将优先在空气质量、水体、生物多样性和资源利用率 4 个方面规定了长期目标，帮助脱欧后制定相关英国法律法规，使其各项环境法规不再从属于欧盟法规之下。在空气质量标准方面，将着重制定颗粒污染物的长期目标，并将审核修订《环境保护法》第Ⅳ部分《地方空气质量管理概要》。

2. 现行标准主要内容

现行标准《环境保护法》规定了环境空气污染物项目、平均时间及浓度限值、保护对象、监测方法、数据统计有效性的规定、实施与监督等内容。适用于英国范围内政策性环境空气质量评价与管理。环境空气保护对象分为两类：第一类为污染物项目对人体的限值；第二类为污染物项目对植被的限值。

3. 现行标准控制项目及限值

英国现行国家环境空气质量标准《环境保护法》中，根据不同的地区设立了不同的《环境保护法》,《环境保护法》（苏格兰）、《环境保护法》（威尔士）和《环境保护法》（北爱尔兰），根据不同地区的环境，制定了相应的政策指导《环境法第Ⅳ部分地方空气质量管理政策指导》和《威尔士地方空气质量管理政策指导文件》，其中，针对PM_{10}、$PM_{2.5}$、二氧化氮、臭氧、二氧化硫、苯、一氧化碳、1,3- 丁二烯和铅 9 个项目及对人体的标准限值分别有各地要求（表 3-26、表 3-27 和表 3-28），全英遵守相同的 PM_{10} 中重金属和苯并 [*a*] 芘浓度的限值（表 3-29）以及二氧化硫、氮氧化物和臭氧 3 个项目及对植被的标准限值（表 3-30），这些限值具有相应的法律意义并供英国各地严格遵守。

表 3-26　环境空气污染物保护人体健康的浓度限值（英格兰和北爱尔兰）

序号	污染物项目	平均时间	原文浓度限值	达标统计规定
1	PM_{10}	年几何平均	40 μg/m^3	—
		24 小时值	50 μg/m^3	每年允许超标 35 次
2	$PM_{2.5}$	年几何平均	25 μg/m^{3*}	—
3	NO_2	年几何平均	40 μg/m^3	—
		1 小时平均	200 μg/m^3	每年允许超标 18 次
4	O_3	8 小时平均	120 μg/m^3	每 3 年及以上允许超标 25 次

续表

序号	污染物项目	平均时间	原文浓度限值	达标统计规定
5	SO_2	24 小时值	125 μg/m³	每年允许超标 3 次
		1 小时平均	350 μg/m³	每年允许超标 24 次
6	苯	年几何平均	5 μg/m³	—
7	CO	8 小时平均	10 mg/m³	—
8	Pb	年几何平均	0.5 μg/m³	—

注：* 上限要求：以 2008 年 6 月 11 日测量值的 20% 为基准减少，从接下来的 1 月 1 日起，此后每 12 个月按年均百分比计算减少值，直到 2015 年 1 月 1 日达到 0。

表 3-27　环境空气污染物保护人体健康的浓度限值（苏格兰）

序号	污染物项目	平均时间	原文浓度限值	达标统计规定
1	PM_{10}	年几何平均	18 μg/m³	—
		24 小时值	50 μg/m³	每年允许超标 7 次
2	$PM_{2.5}$	年几何平均	10 μg/m³	—
3	NO_2	年几何平均	40 μg/m³	—
		1 小时平均	200 μg/m³	每年允许超标 18 次
4	SO_2	24 小时值	125 μg/m³	每年允许超标 3 次
		1 小时平均	350 μg/m³	每年允许超标 24 次
		15 min 平均	266 μg/m³	每年允许超标 35 次
5	苯	年几何平均	3.25 μg/m³	—
6	1,3- 丁二烯	年几何平均	2.25 μg/m³	—
7	CO	8 小时平均	10 mg/m³	—
8	Pb	年几何平均	0.25 μg/m³	—

表 3-28　环境空气污染物保护人体健康的浓度限值（威尔士）

序号	污染物项目	平均时间	原文浓度限值	达标统计规定
1	PM_{10}	年几何平均	40 μg/m³	—
		24 小时值	50 μg/m³	每年允许超标 35 次
2	$PM_{2.5}$	年几何平均	25 μg/m³	—

续表

序号	污染物项目	平均时间	原文浓度限值	达标统计规定
3	NO_2	年几何平均	40 μg/m^3	—
		1 小时平均	200 μg/m^3	每年允许超标 18 次
4	O_3	8 小时平均	120 μg/m^3	每 3 年及以上允许超标 25 次
5	SO_2	24 小时值	125 μg/m^3	每年允许超标 3 次
		1 小时平均	350 μg/m^3	每年允许超标 24 次
		15 min 平均	266 μg/m^3	每年允许超标 35 次
6	苯	年几何平均	5 μg/m^3	—
7	CO	8 小时平均	10 mg/m^3	—
8	Pb	年几何平均	0.25 μg/m^3	—
9	1,3- 丁二烯	年几何平均	2.25 μg/m^3	—

表 3-29　环境空气污染物 PM_{10} 中的重金属保护人体健康的浓度限值（全英国）

序号	污染物项目	平均时间	原文浓度限值 *	达标统计规定
1	Cd	年几何平均	5 ng/m^3	—
2	Ni	年几何平均	20 ng/m^3	—
3	As	年几何平均	6 ng/m^3	—
4	苯并 [*a*] 芘（BaP）	年几何平均	1 ng/m^3	—

注：* 在 1 个日历年中，同一体积内 PM_{10} 所带的重金属浓度的限值。

表 3-30　环境空气污染物保护植物生长的浓度限值（全英国）

序号	污染物项目	平均时间	原文浓度限值	达标统计规定
1	NO_x	年几何平均	30 μg/m^3	—
2	SO_2	冬季几何平均	20 μg/m^3	—
		年几何平均	20 μg/m^3	—
3	O_3	5 年几何平均 *	18 000 μg/m^3	—

注：*AOT40 均值计算，以 μg/（m^3·h）表示，在规定时间段内（植被：每年 5 月 1 日至 7 月 31 日），欧洲中央时间早上 8 点到晚上 8 点中，1 小时测量值的浓度差之和大于 80 μg/m^3（40 ppm）。

参考文献

[1] Environment Act 1995[EB/OL]. (2010-10-01)[2020-07-10]. https://www.legislation.gov.uk/ukpga/1995/25/introduction/2010-10-01.

[2] The Air Quality Standards Regulations 2010[EB/OL]. (2010-06-11)[2020-07-09].https://www.legislation.gov.uk/uksi/2010/1001/contents/ma［3］THE COUNCIL OF THE EUROPEAN UNION. Directive 2004/107/EC of the European Parliament and of the Council of 15 December 2004 relating to arsenic, cadmium, mercury, nickel and polycyclic aromatic hydrocarbons in ambient air[EB/OL]. (2015-08-29) [2020-07-09]. https://eur-lex.europa.eu/legal-content/EN/TXT/?uri=CELEX:32004L0107.

[4] THE COUNCIL OF THE EUROPEAN UNION. Directive 2004/107/EC of the European Parliament and of the Council of 15 December 2004 relating to arsenic, cadmium, mercury, nickel and polycyclic aromatic hydrocarbons in ambient air[EB/OL]. (2015-09-18)[2020-07-09]. https://eur-lex.europa.eu/legal-content/EN/TXT/?uri=CELEX%3A32004L0107&qid=1695223498317.

[5] Department for Environment, Food & Rural Affairs. Clean Air Strategy 2019[EB/OL]. (2019-02-14) [2020-07-10]. https://www.gov.uk/government/publications/clean-air-strategy-2019.

[6] The Air Quality Standards (Scotland) Regulations 2010[EB/OL]. (2010-06-11) [2020-07-10]. https://www.legislation.gov.uk/ssi/2010/204/contents/made.

[7] Part IV of the Environment Act 1995 Local Air Quality Management[EB/OL]. (2016-04-16) [2020-07-11]. https://www.scottishairquality.scot/assets/documents/laqm-pg(s)16-april-16.pdf.

[8] The Air Quality Standards Regulations (Northern Ireland) 2010[EB/OL]. (2010-06-11) [2020-07-10]. http:// www.legislation.gov.uk/nisr/2010/188/contents/made.

[9] The Air Quality Standards (Wales) Regulations 2010[EB/OL]. (2010-06-11) [2020-07-10]. https://www.legislation.gov.uk/wsi/2010/1433/contents.

[10] Local air quality management in Wales[EB/OL]. (2017-06-01)[2020-07-10]. https://www.gov.wales/sites/default/files/publications/2019-04/local-air-quality-management-in-wales.pdf.

[11] EUROPEAN ENVIRONMENT AGENCY. AOT40[EB/OL]. (2017-02-14)[2020-07-14]. https://www.eea.europa.eu/help/glossary/eea-glossary/aot40.

[12] Department for Environment, Food & Rural Affairs. Local air quality management: Policy guidance (PG09)[EB/OL]. (2011-06-17)[2020-07-14]. https://www.gov.uk/government/publications/local-air-quality-management-policy-guidance-pg09.

（二十一）法国

1. 标准简介

法国是 1979 年《日内瓦公约》及其所有议定书、1992 年《里约气候变化公约》、1997 年《京都议定书》和 2015 年《巴黎协定》的缔约国。同时，法国还受到欧盟法规的约束，在环境空气质量的法规制定上还须遵守《欧盟环境空气质量》（第 2008/50/EC 号指令）和《减少大气污染物的国家排放量》（第 2016/2284 号指令）。自 1990 年起，法国环境部开始解决环境问题，将之前关于空气质量的有效法规在 2000 年 9 月 14 日编入《环境法典》，并每年审核修订，最新版于 2020 年 7 月 5 日生效。其中，法国空气质量管理框架指令是以国际协议、欧洲指令和国内环境为基础制定的，是具有法律地位的国家级法规。

《环境法典》由法国环境部制定，其中空气质量法规的主要目的：评估人口和植被受空气污染的程度；对地方限制空气污染所采取的行动评价；监测记录并公布空气质量信息；将欧洲指令转换为法国法规。《环境法典》同时也规定了地方性的空气质量行动计划，所有人口超过 25 万的地区必须制订相关行动计划来控制空气污染，使其达到政府制定的空气质量标准。《环境法典》中除了空气质量外，还在水体、森林、气候、能源计划、污染、可持续发展和生态多样性等方面制定了法律法规，并已制定至 2025 年 1 月 1 日生效的《环境法典》。

2. 现行标准主要内容

适用于法国范围的环境空气质量评价与管理的现行标准《环境法典》中针对空气质量规定了污染物项目、平均时间、浓度限值、保护对象、监测方法、数据统计有效性的规定、实施与监督、地方性行动等内容。《环境法典》中环境空气保护对象分为公众健康和植被。其中对公众健康的浓度限值分为限值和质量目标；建议阈值和警报阈值；对植被的浓度限值分为临界值和建议阈值。

3. 现行标准控制项目及限值

法国现行《环境法典》中关于国家环境空气质量标准，规定了 PM_{10}、二氧化氮、二氧化硫、苯、一氧化碳、1,3- 丁二烯和铅 7 项污染物及浓度限值（表 3-31），规定了臭氧保护人体健康的浓度值要求（表 3-32），规定了 $PM_{2.5}$ 的浓度限值要求和到 2020 年的削减目标要求（表 3-33 和表 3-34），还规定了 PM_{10} 中重金属和苯并 [*a*] 芘浓度的浓度限值（表 3-35）以及规定了二氧化硫、氮氧化物和臭氧 3 项污染物保护植被的标准限值（表 3-36），以规范相应的法律责任并供法国各地根据不同情况严格遵守该浓度值。

表 3-31　环境空气污染物保护人体健康的浓度限值要求（法国）

序号	污染物项目	平均时间	浓度限值	质量目标 *	建议阈值 **	达标统计规定	警报阈值 ***
1	PM_{10}	年几何平均	40 μg/m^3	30 μg/m^3	—	—	24 小时平均：80 μg/m^3
		24 小时值	50 μg/m^3	—	50 μg/m^3	每年允许超标 35 次	
2	NO_2	年几何平均	40 μg/m^3	40 μg/m^3	—	—	连续 3 小时超过 400 μg/m^3。如果前一天超过此阈值，且第二天有超过此阈值的风险，则为 200 μg/m^3
		1 小时平均	200 μg/m^3	—	200 μg/m^3	每年允许超标 18 次	
3	SO_2	24 小时值	125 μg/m^3	—	—	每年允许超标 3 次	连续 3 小时每小时的平均值：500 μg /m^3
		1 小时平均	350 μg/m^3	—	300 μg/m^3	每年允许超标 24 次	
		年几何平均	—	50 μg/m^3	—	—	
4	苯	年几何平均	5 μg/m^3	2 μg/m^3	—	—	—
5	CO	8 小时平均	10 mg/m^3	—	—	—	—
6	Pb	年几何平均	0.5 μg/m^3	0.25 μg/m^3	—	—	—
7	1,3- 丁二烯	年几何平均	2.25 μg/m^3	—	—	—	—

注：* 质量目标：长期需要达到并保持的水平，除非无法通过相称措施达到这一水平，以确保有效地保护人群健康和整个环境。

** 建议阈值：短期暴露该水平会对人群中特别敏感的人群构成健康的风险，并有必要发布旨在及时提供适当信息和减少某些排放的建议。

*** 警报阈值：短期接触会给整个人群的健康或环境恶化带来风险，需采取紧急措施。

表 3-32 环境空气中的臭氧保护人体健康的浓度限值要求

污染物项目	平均时间	浓度限值	质量目标	建议阈值	达标统计规定	警报阈值
O_3	8 小时平均	120 μg/m³	120 μg/m³		每 3 年允许超标 25 次	每小时平均值：1 小时内 240 μg /m³； 逐步实施紧急措施的每小时平均警报阈值： 第一级阈值：连续 3 小时超过 240 μg /m³ 第二级阈值：连续 3 小时超过 300 μg /m³ 第三级阈值：360 μg /m³
	每小时平均			180 μg/m³		

表 3-33 环境空气中的 $PM_{2.5}$ 保护人体健康的浓度限值要求

污染物项目	平均时间	浓度限值	质量目标	建议阈值	达标统计规定	警报阈值
$PM_{2.5}$	年几何平均	25 μg/m³	10 μg/m³	20 μg/m³	—	—

表 3-34 环境空气中 $PM_{2.5}$ 到 2020 年的削减目标量

初始目标	削减目标 *
≤8.5 μg/m³	0
＞8.5 μg/m³ 和＜13 μg/m³	10%
＞13 μg/m³ 和＜18 μg/m³	15%
＞18 μg/m³ 和＜22 μg/m³	20%
＞22 μg/m³	采取任何适当措施达到 18 μg/m³

注：* 与 IEM2011（IEM 2011：平均参考浓度指标，对应于 2009 年、2010 年和 2011 年 3 年年平均浓度的均值，单位为 μg/m³）相较于所需要的减少量，该目标定于 2020 年实现。

表 3-35 环境空气污染物 PM_{10} 中的重金属保护人体健康的浓度限值要求

序号	污染物项目	平均时间	原文浓度限值 *	达标统计规定
1	Cd	年几何平均	5 ng/m³	—
2	Ni	年几何平均	20 ng/m³	—
3	As	年几何平均	6 ng/m³	—
4	苯并 [*a*] 芘（BaP）	年几何平均	1 ng/m³	—

注：* 在 1 个日历年中，PM_{10} 分数总含量的重金属浓度限值。

表 3-36　环境空气污染物保护植物的浓度限值要求

序号	污染物项目	平均时间	临界值	质量目标	达标统计规定
1	NO_x	年几何平均	30 μg/m³	—	—
2	SO_2	冬季几何平均	20 μg/m³	—	每年允许超标 35 次
3	O_3	5 年几何平均*	18 000 μg/m³	6 000 μg/m³	—

注：*AOT40 均值计算，以 μg/（m³·h）表示，在规定时间段内（植被：每年 5 月 1 日至 7 月 31 日），欧洲中央时间早上 8 点到晚上 8 点中，1 小时测量值的浓度差之和大于 80 μg/m³（40 ppm）。

参考文献

[1] Code de l'environnement[EB/OL]. (2020-06-05)[2020-07-13]. https://www.legifrance.gouv.fr/codes/texte_lc/LEGITEXT000006074220.

[2] ReplierChapitre Ier: Surveillance de la qualité de l'air et information du public (Articles L221-1à L221-10)[EB/OL]. (2020-06-05)[2020-07-13]. https://www.legifrance.gouv.fr/loda/article_lc/LEGIARTI000022957502/2999-01-01.

（二十二）德国

1. 标准简介

德国《空气质量控制技术指南》（TA-Luft）于 1964 年首次制定，该指南涵盖了各项空气质量标准要求。于 1974 年、1983 年、1988 年和 2002 年分别进行了修订。2002 年 7 月 24 日实施了最新的修订版。1974 年，即 TA-Luft 颁布 10 年后，德国政府颁布了《联邦污染控制法》（BImSchG），随后也对其进行了修改，最新版本是在 2002 年发布的。2019 年 6 月 20 日，《联邦污染控制法第 44 号法规指令》（BImSchG-44）生效并规定继续沿用 2002 年版 TA-Luft。

2. 现行标准主要内容

现行标准 TA-Luft 中针对空气质量规定了污染物项目、平均时间浓度限值、保护对象、监测方法、数据统计有效性的规定、实施与监督等内容，适用于德国范围内法规性环境空气质量评价与管理。保护对象分为污染物项目对人体的限值和污染物项目对植被的限值。

3. 现行标准控制项目及限值

德国现行 TA-Luft 中，针对 PM_{10}、二氧化氮、二氧化硫、苯、铅、四氯乙烯和氯 7 个项目及对人体的标准限值分别有浓度限值要求（表 3-37），针对臭氧、$PM_{2.5}$ 和一氧化碳对人体的设立了浓度限值要求（表 3-38），针对 $PM_{2.5}$ 设立了到 2020 年的削减目标，规定了重金属污染物沉淀浓度和对特定植被沉淀浓度的限值（表 3-39 和表 3-40）以及规定了二氧化硫、氮氧化物和臭氧 3 个项目对植被的浓度限值（表 3-41），以规范相应的法律责任并供德国各地严格遵守。

表 3-37 保护人体健康的环境空气污染物浓度限值（德国）

序号	污染物项目	平均时间	原文浓度限值	达标统计规定
1	PM_{10}	1 年	40 μg/m^3	—
		24 小时	50 μg/m^3	每年允许超标 35 次
2	NO_2	1 年	40 μg/m^3	—
		1 小时	200 μg/m^3	每年允许超标 18 次
3	SO_2	1 年	50 μg/m^3	—
		24 小时	125 μg/m^3	每年允许超标 3 次
		1 小时	350 μg/m^3	每年允许超标 24 次
4	苯	1 年	5 μg/m^3	—
5	Pb*	1 年	0.5 μg/m^3	—
6	四氯乙烯	1 年	10 μg/m^3	—
7	Cl	1 年	0.4 μg/m^3	—

注：* 在 1 个日历年中，PM_{10} 中的铅的浓度限值。

表 3-38 保护人体健康的环境空气臭氧、$PM_{2.5}$ 和一氧化碳浓度限值

序号	污染物项目	平均时间	原文浓度限值	达标统计规定
1	O_3	8 小时	120 μg/m^3	每 3 年及以上允许超标 25 次
2	$PM_{2.5}$	1 年	25 μg/m^3	—
3	CO	8 小时	10 mg/m^3	—

表 3-39 环境空气重金属污染物及其无机化合物的沉降限值

序号	污染物项目	平均时间	沉降值
1	Cd	1 年	2 μg/（m^2·d）
2	Ni	1 年	15 μg/（m^2·d）
3	As	1 年	4 μg/（m^2·d）
4	Hg	1 年	1 μg/（m^2·d）
5	Tl	1 年	2 μg/（m^2·d）
6	Pb	1 年	100 μg/（m^2·d）

表 3-40 环境空气重金属污染物及其无机化合物对特定植被的沉降参考值

序号	污染物项目	平均时间	谷地沉降限值	草地沉降限值
1	Cd	年几何平均	2.5 μg/（m^2·d）	32 μg/（m^2·d）
2	As	年几何平均	1 170 μg/（m^2·d）	60 μg/（m^2·d）
3	Hg	年几何平均	30 μg/（m^2·d）	3 μg/（m^2·d）
4	Tl	年几何平均	7 μg/（m^2·d）	25 μg/（m^2·d）
5	Pb	年几何平均	185 μg/（m^2·d）	1 900 μg/（m^2·d）

表 3-41 环境空气污染物基本项目对植物和生态系统的浓度限值

序号	污染物项目	平均时间	浓度限值 *
1	NO_x	1 年	30 μg/m^3
2	SO_2	冬季（10 月 1 日—3 月 31 日）	20 μg/m^3
		1 年	
3	O_3	5 年几何平均	18 000 μg/m^3

注：* AOT40 均值计算，以 μg/（m^3·h）表示，在规定时间段内（植被：每年 5 月 1 日至 7 月 31 日），欧洲中央时间早上 8 点到晚上 8 点中，1 小时测量值的浓度差之和大于 80 μg/m^3（40 ppm）。

参考文献

[1] 德国联邦政府 . 联邦排放废气法（英）[EB/OL]. (2002-09-26) [2020-07-21].https://germanlawarchive.iuscomp.org/?p=315.

[2] 德国联邦政府 . 联邦排放废气法（德）[EB/OL]. (2002-09-26) [2020-07-21]. https://www.gesetze-im-internet.de/bimschg/BImSchG.pdf.

[3] 德国联邦政府环境，自然保护与核安全部 . 空气质量控制技术指导 (英)[EB/OL]. (2002-07-30)[2020-07-21]. https://www.bmu.de/fileadmin/Daten_BMU/Download_PDF/Luft/taluft_engl.pdf.

[4] 德国联邦政府环境，自然保护与核安全部 . 空气质量控制技术指导（德）[EB/OL]. (2002-07-30)[2020-07-21]. https://www.bmu.de/fileadmin/Daten_BMU/Download_PDF/Luft/taluft.pdf.

[5] 德国环境局 . 臭氧限值信息 [EB/OL]. (2017-01) [2020-07-21]. https://www.umweltbundesamt.de/sites/default/files/medien/370/dokumente/infoblatt_ozon_eng_0.pdf.

[6] 德国环境局 . 一氧化碳限值信息 [EB/OL]. (2010-12) [2020-07-21]. https://www.umweltbundesamt.de/sites/default/files/medien/377/dokumente/infoblatt_kohlenmonoxid_en.pdf.

[7] 德国环境局 . 污染颗粒物 PM2.5 限值信息 [EB/OL]. (2017-01)[2020-07-21]. https://www.umweltbundesamt.de/sites/default/files/medien/370/dokumente/infoblatt_feinstaub_pm2_5_eng_0.pdf.

（二十三）瑞典

1. 标准简介

瑞典环境保护局负责根据具体地方情况制订空气污染控制计划，排放统计，达标方案，环境监测和向欧盟报告的工作。2009 年，瑞典环境保护局根据其《环境法典》和欧盟环境空气质量标准《第 2004/107/EC 号》和《第 2008/50/EC 号指令》，于 2010 年 7 月 1 日发布了新的《空气质量条例》（SFS 2010：477），该条例规定了环境空气质量标准，后分别于 2013 年、2016 年和 2018 年进行了修订，最新一版于 2019 年修订，2020 年 1 月 1 日生效。2018 年 5 月 31 日，瑞典环境保护局设立过渡性法规《空气污染控制条例》（SFS 2018：740）以达到减排污染物，改善环境空气质量的目的。

2. 现行标准主要内容

现行标准《空气质量条例》（SFS 2010：477）中针对空气质量规定了污染物项目、平均时间、浓度限值、保护对象、监测方法、数据统计的有效性规定、实施与监督等内容，适用于瑞典范围内环境空气质量评价与管理。《空气质量条例》（SFS 2010：477）中环境空气保护对象分为污染物项目对公众健康的限值和污染物项目对植被和生态系统的限值。

3. 现行标准控制项目及限值

瑞典现行国家环境空气质量标准《空气质量条例》（SFS 2010：477）中规定了二氧化硫、一氧化碳、二氧化氮、臭氧、$PM_{2.5}$、PM_{10}、铅、镉、镍、砷、苯并 [*a*] 芘和苯 12 个项目及其对保护公众健康的标准限值（表 3–42）以及二氧化硫、氮氧化物和臭氧 3 个项目对保护植被和生态系统的限值（表 3–43），以规范相应的法律责任并供瑞典各地严格遵守。

表 3–42　保护人体健康的环境空气污染物浓度限值（瑞典）

序号	污染物项目	平均时间	原文浓度限值	达标统计规定
1	SO_2	24 小时	100 μg/m^3	每年允许超标 7 次； 最高污染浓度不得超过 125 μg/m^3，且每年不得超过 3 次
		1 小时	200 μg/m^3	每年允许超标 175 次； 最高污染浓度不得超过 350 μg/m^3，且每年不得超过 24 次
2	NO_2	1 年	40 μg/m^3	—
		24 小时	60 μg/m^3	每年允许超标 7 次
		1 小时	90 μg/m^3	每年允许超标 175 次； 最高污染浓度不得超过 200 μg/m^3，且每年不得超过 18 次
3	O_3	8 小时	120 μg/m^3	每 3 年及以上允许超标 25 次
4	CO	8 小时	10 mg/m^3	—
5	PM_{10}	1 年	40 μg/m^3	—
		24 小时	50 μg/m^3	每年允许超标 35 次
6	$PM_{2.5}$	1 年	25 μg/m^3	—
7	苯	1 年	5 μg/m^3	—
8	Cd	1 年	5 ng/m^3	—
9	Ni	1 年	20 ng/m^3	—

续表

序号	污染物项目	平均时间	原文浓度限值	达标统计规定
10	As	1年	6 ng/m^3	—
11	Pb	1年	0.5 μg/m^3	—
12	苯并[*a*]芘（BaP）	1年	1 ng/m^3	—

表 3-43　保护植被和生态系统的环境空气污染物浓度限值

序号	污染物项目	平均时间	原文浓度限值*
1	NO_x	年几何平均	30 μg/m^3
2	SO_2	冬季几何平均	20 μg/m^3
		年几何平均	
3	O_3	5年几何平均	18 000 μg/m^3

注：* AOT40 均值计算，以 μg/（m^3·h）表示，在规定时间段内（植被：每年5月1日至7月31日），欧洲中央时间早上8点到晚上8点中，1小时测量浓度差之和大于 80 μg/m^3（40 ppm）。

参考文献

[1] Klimat- och näringslivsdepartementet. Luftkvalitetsförordning (2010:477) [EB/OL]. (2020-01-01)[2020-07-24]. https://www.riksdagen.se/sv/dokument-och-lagar/dokument/svensk-forfattningssamling/luftkvalitetsforordning-2010477_sfs-2010-477/.

[2] Klimat- och näringslivsdepartementet. Luftvårdsförordning (2018:740)[EB/OL]. (2018-05-31)[2020-07-24]. https://www.riksdagen.se/sv/dokument-lagar/dokument/svensk-forfattningssamling/ luftvardsforordning-2018740_sfs-2018-740.

（二十四）荷兰

1. 标准简介

荷兰根据欧盟环境法规《第 2004/107/EC 号》和《第 2008/50/EC 号指令》制定的《环境管理法》（WM）囊括了所有有关环境的国家立法，也规定了环境空气质量标准。

2. 现行标准主要内容

现行《环境管理法》（WM）中针对环境空气质量规定了污染物项目、平均时间浓度限值、保护对象、监测方法、数据统计有效性的规定、实施与监督等内容，适用于荷兰范围内法规性环境空气质量评价与管理。《环境管理法》（WM）中环境空气保护对象分为公众健康和植被与生态系统。

3. 现行标准控制项目及限值

荷兰现行国家《环境管理法》（WM）中规定了二氧化硫、一氧化碳、二氧化氮、臭氧、$PM_{2.5}$、PM_{10}、铅、镉、镍、砷、苯并 [*a*] 芘和苯 12 个项目及对人体的标准限值分别有浓度限值和警告阈值的要求（表 3-44），规定了二氧化硫、氮氧化物和臭氧 3 个项目对植被和生态系统的浓度限值（表 3-45），以及 $PM_{2.5}$ 在 2020 年应达到的削减目标，以规范相应的法律责任并供荷兰各地严格遵守该浓度值。

表 3-44　保护人体健康的环境空气污染物浓度限值（荷兰）

序号	污染物项目	平均时间	原文浓度限值	警告阈值	达标统计规定
1	SO_2	24 小时	125 μg/m^3	—	每年允许超标 3 次
		1 小时	350 μg/m^3	连续 3 小时超过 500 μg/m^3	每年允许超标 24 次
2	NO_2	1 年	40 μg/m^3	—	—
		1 小时	200 μg/m^3	连续 3 小时超过 400 μg/m^3	每年允许超标 18 次
3	O_3	8 小时	120 μg/m^3	每小时浓度超过 180 μg/m^3	每 3 年及以上允许超标 25 次
4	CO	8 小时	10 mg/m^3	—	—
5	PM_{10}	1 年	40 μg/m^3	—	—
		24 小时	50 μg/m^3	—	每年允许超标 35 次
6	$PM_{2.5}$	1 年	25 μg/m^3	—	—
7	苯	1 年	5 μg/m^3	—	—
8	Cd	1 年	5 ng/m^3	—	—
9	Ni	1 年	20 ng/m^3	—	—
10	As	1 年	6 ng/m^3	—	—
11	Pb	1 年	0.5 μg/m^3	—	—
12	苯并 [*a*] 芘（BaP）	1 年	1 ng/m^3	—	—

表 3-45　保护植被和生态系统的环境空气污染物浓度限值

序号	污染物项目	平均时间	原文浓度限值*
1	NO_x	年几何平均	30 μg/m³
2	SO_2	冬季几何平均	20 μg/m³
		年几何平均	
3	O_3	5 年几何平均	18 000 μg/m³

注：* AOT40 均值计算，以 μg/（m^3·h）表示，在规定时间段内（植被：每年 5 月 1 日至 7 月 31 日），欧洲中央时间早上 8 点到晚上 8 点中，1 小时测量值的浓度差之和大于 80 μg/m^3（40 ppm）。

参考文献

[1] Wet milieubeheer[EB/OL]. (2017-08-30) [2020-07-27]. https://wetten.overheid.nl/BWBR0003245/2017-08-30#Bijlage2.

[2] Netherlands Emission Guidelines for Air[EB/OL]. (2014-08-08) [2020-07-27]. https://rwsenvironment.eu/subjects/air/netherlands-emission/.

（二十五）直布罗陀

1. 标准简介

2008 年，欧盟发布了环境空气质量指令《第 2008/50/EC 号指令》，该文件规定了具有法律约束力的空气污染物浓度限值。并将《第 96/62/EC 号理事会指令》《第 1999/30/EC 号理事会指令》《第 2000/69/EC 号指令》《第 2002/3/EC 号指令》整合到了一起。英国在《第 2008/50/EC 号指令》的基础上，于 2010 年通过了《环境保护法》，该法规定了空气质量标准，并纳入了欧盟《第 2004/107/EC 号指令》，该指令规定了室外环境空气中有毒重金属和多环芳烃的浓度限值。直布罗陀政府采用的标准和目标与欧洲空气质量指令《第 2004/107/EC 号指令》《第 2008/50/EC 号指令》，英国《环境保护法》和英国公共卫生部的指导中规定的极限值和目标值密切相关，在 2016 年将这些空气质量规则和目标值纳入直布罗陀法律《环境法规（空气质量标准）2016 年版》。

2. 现行标准主要内容

现行标准《环境法规（空气质量标准）2016 年版》规定了环境空气污染物项目、平均时间及浓度限值、保护对象、监测方法、数据统计有效性的规定、实施与监督等内容。适用于直布罗陀范围内政策性环境空气质量评价与管理。根据保护对象的不同，环境空气质量标准限值分为保护人体健康的限值和保护生态植被的限值。

3. 现行标准控制项目及限值

现行环境空气质量标准《环境法规（空气质量标准）2016 年版》中规定了 PM_{10}、$PM_{2.5}$、二氧化氮、臭氧、二氧化硫、苯、一氧化碳、铅、砷、镉、镍和苯并 [*a*] 芘 12 项污染物项目，以保护人体健康，见表 3-46；同时还规定了保护植被和生态系统的二氧化硫和氮氧化物 2 项污染物项目的标准限值，见表 3-47。

表 3-46　保护人体健康的环境空气污染物浓度限值（直布罗陀）

序号	污染物项目	平均时间	浓度限值	达标统计规定
1	PM_{10}	年几何平均	40 μg/m^3	—
		24 小时值	50 μg/m^3	每年允许超标 35 次
2	$PM_{2.5}$	年几何平均	25 μg/m^{3*}	—
3	NO_2	年几何平均	40 μg/m^3	—
		1 小时平均	200 μg/m^3	每年允许超标 18 次
4	O_3	8 小时平均	120 μg/m^3	每 3 年及以上允许超标 25 次
5	SO_2	24 小时值	125 μg/m^3	每年允许超标 3 次
		1 小时平均	350 μg/m^3	每年允许超标 24 次
6	苯	年几何平均	5 μg/m^3	—
7	CO	8 小时平均	10 mg/m^3	—
8	Pb	年几何平均	0.5 μg/m^3	—
9	Cd	年几何平均	5 ng/m^{3**}	—
10	Ni	年几何平均	20 ng/m^{3**}	—

续表

序号	污染物项目	平均时间	浓度限值	达标统计规定
11	As	年几何平均	6 ng/m^{3**}	—
12	苯并 [*a*] 芘（BaP）*	年几何平均	1 ng/m^{3**}	—

注：* 苯并 [*a*] 芘是环境空气中具有致癌危险的多环芳烃的代表。

** 砷、镉、镍和苯并 [*a*] 芘是目标值。

表 3-47 保护植被和生态系统的污染物浓度限值

序号	污染物项目	平均时间	浓度限值
1	NO_x（以 NO_2 计）	年几何平均	30 μg/m^3
2	SO_2	冬季几何平均	20 μg/m^3
		年几何平均	20 μg/m^3

参考文献

[1] 直布罗陀环境局 . 直布罗陀空气质量标准 [EB/OL]. (2016-12-31)[2020-07-29]. http://www.gibraltarairquality.gi/air-quality/standards.

（二十六）瑞士

1. 标准简介

1983 年，瑞士联邦委员会（瑞士政府）颁布制定《环境保护法》，要求设置标准限值等方式，限制污染物排放，通过加强预防并采取多种控制措施，将空气污染物和其他污染物的排放保持在最低水平。1985 年，瑞士政府制定了《空气污染控制法令》（OAPC），设置了露天废物焚化的规定，汽车燃料的要求，允许最大环境空气污染水平（限值）以及在发生重污染状况时的应急程序。《空气污染控制法令》（OAPC）规定，各州有义务执行空气质量标准限值标准，监测其辖区内的环境空气污染水平，制订并定期审查控制环境空气污染水平的行动计划。自 1985 年设立以来，曾多次修订条款，现行版本于 2020 年 4 月 1 日发布。

2. 现行标准主要内容

现行标准《空气污染控制法令》（OAPC）中针对空气质量规定了污染物项目、平均时间浓度限值、保护对象、监测方法、数据统计有效性的规定、污染物弥散模型与计算、实施与监督等内容，适用于瑞士范围内的环境空气质量评价与管理。

3. 现行标准保护对象

《空气污染控制法令》（OAPC）旨在保护人类、动植物、生物群落以及土壤免受空气污染造成的有害影响或滋生。

4. 现行标准控制项目及限值

瑞士现行《空气污染控制法令》（OAPC）规定了 PM_{10}、$PM_{2.5}$、二氧化氮、二氧化硫、臭氧、一氧化碳、铅、镉、锌、铊和总悬浮物 11 项污染物项目及标准限值（表 3-48）。

表 3-48　环境空气污染物浓度限值（瑞士）

序号	污染物项目	平均时间	浓度限值	达标统计规定
1	NO_2	年几何平均	30 μg/m^3	—
		24 小时平均	80 μg/m^3	每年允许超标 1 次
		30 min 平均	100 μg/m^3	每年 95% 的 30 min 平均不得超过 100 μg/m^3
2	SO_2	年几何平均	30 μg/m^3	—
		24 小时值	100 μg/m^3	每年允许超标 1 次
		30 min 平均	100 μg/m^3	每年 95% 的 30 min 平均不得超过 100 μg/m^3
3	CO	24 小时平均	8 mg/m^3	每年允许超标 1 次
4	O_3	30 min 平均	100 μg/m^3	每月 98% 的 30 min 平均不得超过 100 μg/m^3
		1 小时平均	120 μg/m^3	每年允许超标 1 次
5	$PM_{2.5}$	年几何平均	10 μg/m^3	—

续表

序号	污染物项目	平均时间	浓度限值	达标统计规定
6	PM_{10}	年几何平均	20 μg/m³	—
		24 小时值	50 μg/m³	每年允许超标 1 次
7	Pb*	年几何平均	500 ng/m³	—
	Pb**	年几何平均	100 μg/（m²·d）	—
8	Cd*	年几何平均	1.5 ng/m³	—
	Cd**	年几何平均	2 μg/（m²·d）	—
9	Zn**	年几何平均	400 μg/（m²·d）	—
10	Tl**	年几何平均	2 μg/（m²·d）	—
11	总下沉尘埃	年几何平均	200 μg/（m²·d）	—

注：* 在 1 个日历年中，PM_{10} 分数总含量中的浓度限值。

** 在 1 个日历年中，下沉尘埃分数总含量中的浓度限值。

如果污染物浓度超过规定的浓度限值，则环境空气污染水平过高，应认为会：①危害人类、动物、植物或其生物群落或生境；②有调查表明极大地影响了相当一部分的人类福祉；③破坏建筑物；④损害土壤肥力、植被或水域。

参考文献

[1] The Federal Assembly of the Swiss Confederation. Federal Act on the Protection of the Environment [EB/OL]. (2020-04-01)[2020-07-30]. https://www.fedlex.admin.ch/eli/cc/1984/1122_1122_1122/en

[2] *The Swiss Federal Council*. Ordinance on Air Pollution Control[EB/OL]. (2020-07-01)[2020-07-30]. https://www.fedlex.admin.ch/eli/cc/1986/208_208_208/en.

（二十七）俄罗斯

1. 标准简介

俄罗斯《大气污染控制指南》（RD 52.04.186—89）防治污染的法规以联合国、欧亚经委会法规和欧盟标准为基础，于 1991 年 7 月 1 日制定发布，旨在规范城市大气污染观测和评价。1998 年 2 月 4 日制定并发布了《空气中有害物质的最大允许浓度》（GN 2.2.5.686—98），旨在将对人体具有潜在危险化学物质和生物物质规定最高允许浓度，以监控和管理空气质量为目的；2015 年 7 月 1 日，又制定发布了《森林生态系统中的空气质量标准》（GOST R 56166—2014），规定了对森林生态系统的最高允许浓度限值。

2. 现行标准主要内容

现行标准《有害物质的最大允许浓度》（GN 2.2.5.686—98）、《森林生态系统中的空气质量标准》（GOST R 56166—2014）规定了环境空气污染物项目、平均时间及浓度限值、保护对象、监测方法、数据统计有效性的规定、实施与监督等内容，适用于环境空气质量评价与管理。

3. 现行标准保护对象

环境空气保护对象分为公众健康和森林生态系统。

4. 现行标准控制项目及限值

上述标准主要规定了氮氧化物、臭氧、二氧化硫、一氧化碳、铅、镉、镍、砷和氨 9 项污染物的浓度限值，以保护公众健康（表 3-49）和森林生态系统的二氧化硫、二氧化氮、氯气、氨、氟化氢、硫酸、硫化氢和悬浮颗粒物 8 项污染物项目的标准限值（表 3-50）。

表 3-49　环境空气污染物基本项目对人体的浓度限值（俄罗斯）

序号	污染物项目	平均时间	浓度限值	达标统计规定
1	NO_2	8 小时平均	2 mg/m^3	75% 的测量时间不得超过该限值
	NO_x	8 小时平均	5 mg/m^3	75% 的测量时间不得超过该限值
2	O_3	8 小时平均	0.1 mg/m^3	75% 的测量时间不得超过该限值
3	SO_2	8 小时平均	10 mg/m^3	75% 的测量时间不得超过该限值
4	CO	8 小时平均	20 mg/m^3	75% 的测量时间不得超过该限值
5	Pb	24 小时平均	0.005 mg/m^3	—
		8 小时平均	0.01 mg/m^3	75% 的测量时间不得超过该限值
6	Cd	8 小时平均	1 mg/m^3	75% 的测量时间不得超过该限值

续表

序号	污染物项目	平均时间	浓度限值	达标统计规定
7	Ni	8 小时平均	0.05 mg/m^3	75% 的测量时间不得超过该限值
8	As	8 小时平均	0.1 mg/m^3	75% 的测量时间不得超过该限值
9	NH_3	8 小时平均	20 mg/m^3	75% 的测量时间不得超过该限值

表 3-50　环境空气污染物基本项目对林植的浓度限值

序号	污染物项目	平均时间	原文浓度指定标准 *	最大允许浓度限值 **	达标统计规定
1	NO_2	24 小时值	0.04 μg/m^3	0.085 μg/m^3	—
2	SO_2	24 小时值	0.3 μg/m^3	0.5 μg/m^3	—
3	Cl_2	24 小时值	0.025 μg/m^3	0.1 μg/m^3	—
4	NH_3	24 小时值	0.1 μg/m^3	0.2 μg/m^3	—
5	HF	24 小时值	0.02 μg/m^3	0.02 μg/m^3	—
6	H_2SO_4	24 小时值	0.1 μg/m^3	0.3 μg/m^3	—
7	H_2S	24 小时值	0.008 μg/m^3	0.008 μg/m^3	—
8	悬浮颗粒物	24 小时值	0.2 μg/m^3	0.5 μg/m^3	—

注：* 环境空气中污染物的最大允许浓度值的指定标准。

** 已确定对林植产生有害影响的环境空气中污染物的最大允许浓度。

参考文献

[1] ГИГИЕНИЧЕСКИЕ НОРМАТИВЫ,ГН 2.2.5.686-98[EB/OL]. (2020-02-01)[2020-07-31]. https://meganorm.ru/Data2/1/4294850/4294850955.htm.

[2] РУКОВОДЯЩИЙДОКУМЕНТ РУКОВОДСТВО ПО КОНТРОЛЮ ЗАГРЯЗНЕНИЯ АТМОСФЕРЫ РД 52.04.186-89 [EB/OL]. (1991-07-01)[2020-07-31]. https://meganorm.ru/Data2/1/4293854/4293854583.htm.

（二十八）白俄罗斯

1. 标准简介

白俄罗斯的污染控制法规包括1992年发布的《环境保护法》和1997年的《大气保护法》（2008年修订）以及2001年设立的《臭氧保护法》。其中《环境保护法》规定了保护大气、地表水和地下水、土壤、动物和植物以及生物多样性，自然景观和其他自然物体等对象的基本要求。《大气保护法》以保护和改善大气质量为目的，监测企业和其他经济活动引起的污染物排放对大气造成的有害影响，对污染物的数量和成分进行检查，采取的防治措施及有关处罚要求，《臭氧保护法》是对《大气保护法》的补充。

2. 现行标准主要内容

《大气保护法》和《臭氧保护法》规定了环境空气污染物项目、平均时间及浓度限值、保护对象、监测方法、数据统计有效性的规定和实施与监督等内容。适用于白俄罗斯范围内参考性环境空气质量评价与管理。

3. 现行标准保护对象

保护对象主要包括公众健康和社会物质财富。

4. 现行标准控制项目及限值

白俄罗斯现行《大气保护法》和《臭氧保护法》中分别针对二氧化氮、臭氧、二氧化硫、一氧化碳、铅、苯、PM_{10}、$PM_{2.5}$、甲苯、甲醛和苯并[*a*]芘等11个项目及最高可接受浓度限值（表3-51）。

表3-51　环境空气污染物基本项目的最大可接受浓度限值（白俄罗斯）

序号	污染物项目	平均时间	浓度限值	达标统计规定
1	NO_2	24小时平均	100 μg/m³	—
		20 min平均	250 μg/m³	—
2	O_3	24小时平均	30 μg/m³	—
		20 min平均	160 μg/m³	—
3	SO_2	24小时平均	200 μg/m³	—
		20 min平均	500 μg/m³	—

续表

序号	污染物项目	平均时间	浓度限值	达标统计规定
4	CO	24 小时平均	30 000 μg/m^3	—
		20 min 平均	50 000 μg/m^3	—
5	Pb	24 小时平均	0.3 μg/m^3	—
		20 min 平均	1 μg/m^3	—
6	苯	24 小时平均	100 μg/m^3	—
		20 min 平均	300 μg/m^3	—
7	PM_{10}	年几何平均	35 μg/m^3	—
8	$PM_{2.5}$	1 小时平均	25 μg/m^{3*}	—
9	甲苯	20 min 平均	600 μg/m^3	—
10	甲醛	24 小时平均	3 μg/m^3	—
		20 min 平均	35 μg/m^3	—
11	苯并 [*a*] 芘（BaP）	24 小时平均	0.001 μg/m^3	—

参考文献

[1] Law No. 56-Z on protection of ozone layer[EB/OL]. (2001-11-12)[2020-08-03]. https://www.ecolex.org/details/legislation/law-no-56-z-on-protection-of-ozone-layer-lex-faoc050601/?q=belarus+law+on+ozone&type=legislation&xdate_min=&xdate_max=.

[2] Law No. 29-Z on protection of atmospheric air[EB/OL]. (1997-04-15)[2020-08-03]. https://www.ecolex.org/details/legislation/law-no-29-z-on-protection-of-atmospheric-air-lex-faoc050605/?q=belarus+air+quality&type=legislation&xcountry=Belarus&xdate_min=&xdate_max=.

（二十九）波兰

1. 标准简介

波兰于 1985 年成立了环境保护和自然资源部。1990 年，波兰政府要求在 3 年内减少极端污染事件，并在 7～10 年内达到欧盟（EC）的要求。2001 年 4 月，波兰发布了《环境法》，该法根据欧盟环境相关法规制定，涵盖各项环境要求，后经过多次修订，最新版于 2020 年 7 月 9 日生效。在《环境法》第

2 章《空气保护法》中规定了制定环境空气质量标准、环境空气质量管理的相关要求。2012 年 8 月波兰制定了《空气质量标准》，后经过多次修订，最新版于 2019 年 10 月 11 日发布。

2. 现行标准主要内容

现行《环境法》和《空气质量标准》中针对空气质量规定了污染物项目、平均时间浓度限值、保护对象、监测方法、数据统计有效性的规定、实施与监督等内容，适用于波兰范围内法规性环境空气质量评价与管理。

3. 现行标准保护对象

《环境法》和《空气质量标准》中环境空气保护对象分为 2 类：污染物项目对人体的限值和污染物项目对植被的限值。其中污染物项目对人体的浓度分为浓度限值、信息水平和警报阈值。

4. 现行标准控制项目及限值

波兰现行国家环境空气质量标准《环境法》和《空气质量标准》中，针对 PM_{10}、氮氧化物、二氧化氮、二氧化硫、苯、铅、一氧化碳和 $PM_{2.5}$ 等 8 项污染物项目及保护公众健康和生态植被的标准限值（表 3-52）。此外，还针对镉、镍、砷、臭氧和苯并 [a] 芘等项目规定了保护公众健康和生态环境植被设立了浓度限值要求（表 3-53），针对臭氧设立了长期目标值（表 3-54）。根据环境空气质量管理要求，还针对 PM_{10}、二氧化硫、二氧化氮和臭氧的警报阈值（表 3-55），规定了颗粒物 PM_{10} 和臭氧的信息发布阈值（表 3-56）以及规定了 $PM_{2.5}$ 的暴露浓度上限和达标日期（表 3-57）。

表 3-52　污染物基本项目保护公众健康和生态植被的浓度限值

序号	污染物项目	平均时间	浓度限值	达标统计规定
1	PM_{10}	年几何平均	40 μg/m³	—
		24 小时值	50 μg/m³	每年允许超标 35 次
2	NO_x	年几何平均	30 μg/m³	—
3	NO_2	年几何平均	40 μg/m³	—
		1 小时平均	200 μg/m³	每年允许超标 18 次

续表

序号	污染物项目	平均时间	浓度限值	达标统计规定
4	SO_2	年几何平均 和冬季平均 （10 月至 3 月）*	20 μg/m³	—
		24 小时值	125 μg/m³	每年允许超标 3 次
		1 小时平均	350 μg/m³	每年允许超标 24 次
5	苯	年几何平均	5 μg/m³	—
6	Pb**	年几何平均	0.5 μg/m³	—
7	CO	8 小时平均	10 000 μg/m³	—
8	$PM_{2.5}$	年几何平均	20 μg/m³	—

注：* 冬季平均：植物可接受浓度水平；其他污染物浓度值为保护人类健康的目标水平。

** 在 1 个日历年中，PM_{10} 分数总含量的铅的浓度限值。

表 3-53　重金属及其他污染物保护公众健康和生态植被的浓度限值

序号	污染物项目	平均时间	浓度限值	达标统计规定
1	Cd	年几何平均	5 ng/m³	—
2	Ni	年几何平均	20 ng/m³	—
3	As	年几何平均	6 ng/m³	—
4	$PM_{2.5}$	年几何平均	25 μg/m³	—
5	O_3	8 小时平均	120 μg/m³	每年允许超标 25 次
		植被期 （5—7 月）*	18 000 μg/（m³ · h**）	—
6	苯并 [*a*] 芘 （BaP）	年几何平均	1 ng/m³	—

注：* 植被期：植物可接受浓度水平；其他污染物浓度值为保护人类健康的目标水平。

** AOT40 均值计算，以 μg/（m³ · h）表示，在规定时间段内（植被：每年 5 月 1 日至 7 月 31 日），欧洲中央时间早上 8 点到晚上 8 点中，1 小时测量值的浓度差之和大于 80 μg/m³（40 ppm）。

表 3-54 环境空气中臭氧的长期目标值

序号	污染物项目	平均时间	原文谷地沉淀限值	达标统计规定
1	O_3	8 小时平均*, ***	120 μg/m^3	—
		生长期**, ***	6 000 μg/（m^3 · h）	—

注：* 保护人类健康的长期目标水平。

** 保护植被的长期目标水平。

*** AOT40 均值计算，以 μg/（m^3 · h）表示，在规定时间段内（植被：每年 5 月 1 日至 7 月 31 日），欧洲中央时间早上 8 点到晚上 8 点中，1 小时测量值的浓度差之和大于 80 μg/m^3（40 ppm）。

表 3-55 环境空气中污染物基本项目的警报阈值

序号	污染物项目	平均时间	浓度限值
1	NO_2	1 小时平均	400 μg/m^3*
2	SO_2	1 小时平均	500 μg/m^3*
3	PM_{10}	1 小时平均	150 μg/m^3*
4	O_3	1 小时平均	240 μg/m^3

注：* 在 100 km^2 或更大的区域的空气质量测量点连续 3 小时出现的值以较小者为准。

表 3-56 环境空气中污染物基本项目的信息发布阈值

序号	污染物项目	平均时间	浓度限值
1	PM_{10}	24 小时平均	100 μg/m^3*
2	O_3	1 小时平均	180 μg/m^3

注：* 需要告知公众有关超出 PM_{10} 警报阈值的风险的阈值。

表 3-57 颗粒物 $PM_{2.5}$ 的暴露浓度上限值

序号	污染物项目	平均时间	暴露浓度上限	达标日期
1	$PM_{2.5}$	3 个日历年	20 μg/m^3	在 2015 年之前需要达标

参考文献

[1] Prawo ochrony środowiska(Dz.U.2020.1219)[EB/OL]. (2020-07-09)[2020-08-04]. https://sip.lex.pl/akty-prawne/dzu-dziennik-ustaw/prawo-ochrony-srodowiska-16901353.

[2] Poziomy niektórych substancji w powietrzu(Dz.U.2012.1031)[EB/OL]. (2019-10-11)[2020-08-04]. https://sip.lex.pl/akty-prawne/dzu-dziennik-ustaw/poziomy-niektorych-substancji-w-powietrzu-17910537.

（三十）土耳其

1. 标准简介

土耳其的空气质量标准基于欧盟环境空气质量框架指令《第 2004/107/EC 号》和《第 2008/50/EC 号指令》。2008 年 6 月，土耳其发布了《空气质量评价和管理条例》（编号 26898）以将欧盟标准转化为土耳其国内标准。《空气质量评价和管理条例》与欧盟空气质量指令完全一致，其中包括了欧盟框架指令中定义的 13 种不同污染物的实施标准，还涵盖了诸如清洁空气和改善空气质量的行动计划，旨在对环境空气污染进行管控。

为了加强空气质量管理，土耳其在全国建设了 8 个区域清洁空气中心及其区域监测网络，用于空气质量管理，区域监测网络的运行，区域分析，排放建模，评估和规划。此外，《空气质量评价和管理条例》将土耳其的监测站数量增加到 2014 年战略计划中所要求的数量，地方政府将根据评价研究结果，制订区域 / 地方规模的详细空气质量计划。

2. 现行标准主要内容

现行标准《空气质量评价和管理条例》中针对环境空气质量规定了污染物项目、平均时间浓度限值、保护对象、监测方法、数据统计有效性的规定、实施与监督等内容，适用于全国范围内法规性环境空气质量评价与管理。

3. 现行标准保护对象

《空气质量评价和管理条例》中对保护对象分为公众健康和生态环境植被，其基于公众健康保护要求对污染物项目的浓度限值分为信息发布阈值和警报阈值；在臭氧的限值中，对于保护公众健康和生态植被的限值的采样点分别有城市和乡村的采样点标准要求。

4. 现行标准控制项目及限值

土耳其现行《空气质量评价和管理条例》中，针对 PM_{10}、氮氧化物、二氧化氮、二氧化硫、苯、铅和一氧化碳等 7 个污染物项目的保护公众健康和生态环植被的标准限值要求见表 3-58；针对镉、镍、砷和苯并 [*a*] 芘对公众健康和生态环境植被设立的浓度限值要求见表 3-59；针对臭氧设置的长期目标值见表 3-60，规定了针对臭氧的警报阈值（表 3-61），以及规定了 PM_{10}、二氧化氮、二氧化硫、铅和一氧化碳的警报阈值（表 3-62）。

表 3-58　环境空气中污染物基本项目保护公众健康和生态植被的浓度限值

序号	污染物项目	平均时间	浓度限值	允许超额浓度	评价上限 *	第 2 阶段评估上限 **	限值达标的日期	警报阈值 ****
1	PM_{10}	年几何平均	40 μg/m³	2014 年 1 月 1 日须达到 20 μg/m³（限值的 50%），且每 12 个月需要降低 1 次超额浓度标准直到 2019 年 1 月 1 日	14 μg/m³	10 μg/m³	2019.1.1	—
		24 小时值	50 μg/m³（每年允许超标 35 次）	24 小时值的 100%（50 μg/m³），且每 12 个月需要降低 1 次超额浓度标准直到 2019 年 1 月 1 日	30 μg/m³（每年允许超标 7 次）	20 μg/m³（每年允许超标 7 次）	2019.1.1	
2	NO_2	年几何平均	40 μg/m³	2014 年 1 月 1 日须达到 20 μg/m³（限值的 50%），且每 12 个月需要降低 1 次超额浓度标准直到 2024 年 1 月 1 日	年平均值的 80%（32 μg/m³）	年平均值的 65%（26 μg/m³）	2024.1.1	连续 3 小时超过 400 μg/m³
		1 小时平均	200 μg/m³（每年允许超标 18 次）	2014 年 1 月 1 日须达到 100 μg/m³（限值的 50%），且每 12 个月需要降低 1 次超额浓度标准直到 2024 年 1 月 1 日	1 小时值的 70%（每年不得超过 140 μg/m³ 18 次）	1 小时值的 50%（每年不得超过 100 μg/m³ 18 次）	2024.1.1	
3	NO_x	年几何平均 ***	30 μg/m³	—	冬季平均的 80%（24 μg/m³）	冬季平均的 65%（19.5 μg/m³）	2014.1.1	—

续表

序号	污染物项目	平均时间	浓度限值	允许超额浓度	评价上限 *	第 2 阶段评估上限 **	限值达标的日期	警报阈值 ****
4	SO_2	24 小时值	125 μg/m³（每年允许超标 3 次）	24 小时值的 100%（125 μg/m³），且每 12 个月需要降低 1 次超额浓度标准直到 2019 年 1 月 1 日	24 小时值的 60%（每年不得超过 75 μg/m³ 3 次）	24 小时值的 40%（每年不得超过 50 μg/m³ 3 次）	2019.1.1	连续 3 小时每小时的平均值：500 μg /m³
		1 小时平均	350 μg/m³（每年允许超标 24 次）	2014 年 1 月 1 日须达到 150 μg/m³（限值的 43%），且每 12 个月需要降低 1 次超额浓度标准直到 2019 年 1 月 1 日	—	—	2019.1.1	
		年几何平均和冬季平均（10 月—3 月）***	20 μg/m³	—	冬季平均的 60%（12 μg/m³）	冬季平均的 40%（8 μg/m³）	2014.1.1	
5	苯	年几何平均	5 μg/m³	2014 年 1 月 1 日须达到 5 μg/m³（限值的 100%），且每 12 个月需要降低 1 次超额浓度标准直到 2021 年 1 月 1 日	年平均值的 70%（3.5 μg/m³）	年平均值的 40%（2 μg/m³）	2021.1.1 不包括省级环境和林业局所规定的低风速或特定地区	—

续表

序号	污染物项目	平均时间	浓度限值	允许超额浓度	评价上限 *	第 2 阶段评估上限 **	限值达标的日期	警报阈值 ****
6	CO	8 小时平均	10 mg/m³	2014 年 1 月 1 日须达到 6 μg/m³（限值的 60%），且每 12 个月需要降低 1 次超额浓度标准直到 2017 年 1 月 1 日	8 小时平均值的 70%（7 μg/m³）	8 小时平均值的 50%（5 μg/m³）	2017.1.1	—
7	Pb	年几何平均	0.5 μg/m³ 如若是在工业区则为 1 μg/m³	2014 年 1 月 1 日须达到 0.5 μg/m³（限值的 100%），且每 12 个月需要降低 1 次超额浓度标准直到 2019 年 1 月 1 日	年平均值的 70%（0.35 μg/m³）	年平均值的 50%（0.25 μg/m³）	2019.1.1 省级环境和林业局所规定的工业区于 2019 年 1 月 1 日的达标限制为 1 μg/m³	—

注：* 评价上限：测量和建模技术一起运用于评估空气质量的规定浓度水平。

** 第 2 阶段评估上限：要求高于评估上限。

*** 植物可接受浓度水平。

**** 警报阈值：短期接触会给整个人口的健康或环境退化带来风险，有理由采取紧急措施。

表 3-59 环境空气中重金属污染物和其他污染物保护公众健康和生态植被的浓度限值

序号	污染物项目	平均时间	目标值	评价上限*	第 2 阶段评估上限	限值达标的日期
1	Cd	年几何平均	5 ng/m³	年平均值的 60%（3 μg/m³）	年平均值的 40%（2 μg/m³）	2020.1.1
2	Ni	年几何平均	20 ng/m³	年平均值的 70%（14 μg/m³）	年平均值的 50%（10 μg/m³）	2020.1.1
3	As	年几何平均	6 ng/m³	年平均值的 60%（3.6 μg/m³）	年平均值的 40%（2.4 μg/m³）	2020.1.1
4	苯并 [*a*] 芘（BaP）	年几何平均	1 ng/m³	年平均值的 60%（0.6 μg/m³）	年平均值的 40%（0.4 μg/m³）	2020.1.1

表 3-60 环境空气中臭氧的长期目标值

序号	污染物项目	平均时间	2022 年目标值	长期目标	达标统计规定
1	O_3	8 小时平均*, ***	120 μg/m³（当采用 3 年平均时，每年允许超标 25 次）	120 μg/m³	—
		生长期**, ***	18 000 μg/（m³·h）	6 000 μg/（m³·h）	—

注：* 保护人类健康的长期目标水平。

** 保护植被的长期目标水平（每年 5 月 1 日至 7 月 31 日）。

*** AOT40 均值计算，以 μg/（m³·h）表示，在规定时间段内，欧洲中央时间早上 8 点到晚上 8 点中，1 小时测量值的浓度差之和大于 80 μg/m³（40 ppm）。

表 3-61 环境空气中臭氧的示警阈值

序号	污染物项目	平均时间	原文浓度限值	折算浓度限值	达标统计规定
1	O_3（信息门槛）*	1 小时平均	180 μg/m³*	—	—
	O_3（警报阈值）	1 小时平均	240 μg/m³*	—	—

注：* 短期接触该水平会对人群中特别敏感的人群构成对人类健康的风险，并有必要发布旨在及时提供适当信息的信息这些团体和减少某些排放的建议。

表 3-62　环境空气中污染物基本项目的警报阈值

序号	污染物项目	平均时间	浓度限值	限值达标年份	警告阈值
1	SO_2	24 小时值（为保护人类健康）	400 μg/m³	自 2008 年 1 月 1 日起至 2014 年 1 月 1 日，每 12 个月需要降低 1 次超额浓度标准，直到 200 μg/m³（限值的 50%）	当 24 小时值达到：第一级：500 μg/m³；第二级：850 μg/m³；第三级：1 100 μg/m³；第四级：1 500 μg/m³
		1 小时平均	900 μg/m³	—	
		冬季平均（为保护人类健康）	250 μg/m³	自 2008 年 1 月 1 日起至 2014 年 1 月 1 日，每 12 个月需要降低 1 次超额浓度标准，直到 125.5 μg/m³（限值的 50%）	
		冬季平均（目标值）	120 μg/m³	—	
		年几何平均（目标值）	60 μg/m³	—	
		年几何平均（为保护人类健康）	150 μg/m³	—	
		年几何平均（为保护敏感动植物和物体）	60 μg/m³	自 2008 年 1 月 1 日起至 2014 年 1 月 1 日，每 12 个月需要降低 1 次超额浓度标准，直到 20 μg/m³（限值的 33%）	
2	NO_2	24 小时值（为保护人类健康）	300 μg/m³	—	—
		年几何平均（为保护人类健康）	100 μg/m³	自 2008 年 1 月 1 日起至 2014 年 1 月 1 日，每 12 个月需要降低 1 次超额浓度标准，直到 60 μg/m³（限值的 60%）	

续表

序号	污染物项目	平均时间	浓度限值	限值达标年份	警告阈值
3	PM_{10}	24 小时值（为保护人类健康）	300 $\mu g/m^3$	—	当 24 小时值达到： 第一级：260 $\mu g/m^3$； 第二级：400 $\mu g/m^3$； 第三级：520 $\mu g/m^3$； 第四级：650 $\mu g/m^3$
		冬季平均（为保护人类健康）	200 $\mu g/m^3$	自 2008 年 1 月 1 日起至 2014 年 1 月 1 日，每 12 个月需要降低 1 次超额浓度标准，直到 90 $\mu g/m^3$（限值的 45%）	
		年几何平均（为保护人类健康）	150 $\mu g/m^3$	自 2008 年 1 月 1 日起至 2014 年 1 月 1 日，每 12 个月需要降低 1 次超额浓度标准，直到 60 $\mu g/m^3$（限值的 40%）	
4	CO	24 小时值（为保护人类健康）	30 $\mu g/m^3$	自 2008 年 1 月 1 日起至 2014 年 1 月 1 日，每 12 个月需要降低 1 次超额浓度标准，直到 10 $\mu g/m^3$（限值的 35%）	—
		年几何平均（为保护人类健康）	10 $\mu g/m^3$	—	—
5	Pb	年几何平均（为保护人类健康）	2 $\mu g/m^3$	自 2008 年 1 月 1 日起至 2014 年 1 月 1 日，每 12 个月需要降低 1 次超额浓度标准，直到 1 $\mu g/m^3$（限值的 50%）	—

参考文献

[1] Regulation amending the Regulation on Air Quality Assessment and Management[EB/OL]. (2008-06-06)[2020-08-05]. https://www.ecolex.org/details/legislation/regulation-amending-the-regulation-on-air-quality-assessment-and-management-lex-faoc090591/?.

（三十一）比利时

1. 标准简介

比利时空气质量标准是严格根据欧盟空气质量法规《第 2004/107/EC 号指令》和《第 2008/50/EC 号指令》所制定的，2013 年，比利时发布了《空气气候和能源管理法规》，之后为了更详尽地运用到全国，于 2016 年制定了《国家空气质量管理计划》。

《国家空气质量管理计划》在《空气气候和能源管理法规》的基础上，针对比利时所需要遵守的哥德堡协议、奥胡斯协议、索非亚协议和欧盟《第 2001/81/EC 指令》规定了各项污染物的减排标准以及开始时间，以供各地严格遵守并达标。

2. 现行标准主要内容

现行《空气气候和能源管理法规》和《国家空气质量管理计划》规定了环境空气污染物项目、平均时间及浓度限值、监测方法、数据统计有效性的规定、实施与监督等内容。适用于全国范围内环境空气质量评价与管理。

3. 现行标准保护对象

比利时空气质量法规《空气气候和能源管理法规》和《国家空气质量管理计划》中对环境空气保护对象分为两类即公众健康和生态植被。

4. 现行标准控制项目及限值

《空气气候和能源管理法规》和《国家空气质量管理计划》中规定了镉、镍、砷和苯并 [*a*] 芘 4 个项目及标准限值（表 3-63），规定了二氧化硫、一氧化碳、二氧化氮、臭氧、$PM_{2.5}$、PM_{10}、铅和苯 8 个项目及保护公众健康的标准限值（表 3-64），以及在标准中规定了二氧化硫、二氧化氮和臭氧 3 个项目及对生态植被保护的标准限值（表 3-65），要求比利时各地严格遵守该标准和减排目标。

表 3-63　环境空气中重金属的浓度限值

序号	污染物项目	平均时间	原文浓度限值
1	Cd	年几何平均	5 ng/m^3
2	Ni	年几何平均	20 ng/m^3
3	As	年几何平均	6 ng/m^3
4	苯并 [*a*] 芘（BaP）	年几何平均	1 ng/m^3

表 3-64　环境空气污染物基本项目对人体的浓度限值（比利时）

序号	污染物项目	平均时间	浓度限值	达标统计规定
1	SO_2	24 小时值	125 μg/m^3	每年允许超标 3 天
		1 小时平均	350 μg/m^3	每年允许超标 24 天
		警报阈值	500 μg/m^3	—
2	NO_2	年几何平均	40 μg/m^3	—
		1 小时平均	200 μg/m^3	每年允许超标 18 天
		警报阈值	400 μg/m^3	—
3	O_3	8 小时平均	120 μg/m^3	每 3 年及以上允许超标 25 天
		1 小时平均	180 μg/m^3	—
		警报阈值	240 μg/m^3	—
4	CO	8 小时平均	10 mg/m^3	—
5	PM_{10}	年几何平均	40 μg/m^3	—
		24 小时值	50 μg/m^3	每年允许超标 35 天
6	$PM_{2.5}$	年几何平均	25 μg/m^3	—
7	Pb	年几何平均	0.5 μg/m^3	—
8	苯	年几何平均	5 μg/m^3	—

表 3-65　环境空气污染物保护生态植物的浓度限值

序号	污染物项目	平均时间	浓度限值
1	SO_2	冬季几何平均	20 μg/m^3
2	NO_x	年几何平均	30 μg/m^3
3	O_3	1 小时平均*	6 000 μg/（m^3·h）

注：*AOT40 均值计算，以 μg/（m^3·h）表示，在规定时间段内（植被：每年 5 月 1 日至 7 月 31 日；森林：每年 4 月 1 日至 9 月 30 日），欧洲中央时间早上 8 点到晚上 8 点中，1 小时测量值的浓度差之和大于 80 μg/m^3（40 ppm）。

参考文献

[1] 比利时环境局. 国家空气质量管理计划 [EB/OL]. (2016-06)[2020-08-06]. https://environnement.brussels/thematiques/air-climat/qualite-de-lair.

[2] 比利时政府. 空气气候和能源管理法规 [EB/OL]. (2020-03-26)[2020-08-06]. http://www.ejustice.just.fgov.be/cgi_loi/change_lg.pl?language=fr&la=F&table_name=loi&cn=2013050209.

（三十二）葡萄牙

1. 标准简介

欧洲和北美国家于 1979 年制定了《远程跨境空气污染传输公约》（CLRTAP）。《远程跨境空气污染传输公约》（CLRTAP）是第一个处理跨界空气污染问题（酸化问题）的国际法律文书，于 1983 年生效。1980 年葡萄牙通过了《第 45/80 号法令》（第 12 号法令），批准了该公约在国内的有效性。为了密切监测境内的空气质量，葡萄牙政府于 2013 年 12 月参加了欧盟空气质量战略审查，并制定了《国家空气战略》（ENAR 2020），目的是改善空气质量，并以保护公众健康、公民的生活质量和维护生态系统。《国家空气战略》（ENAR 2020）是制订空气质量管理计划的参考框架，从而可以有效地整合地方和国家的防控措施。葡萄牙环境空气质量标准《空气质量法规》（Decreto-Lei n.° 102/2010）是严格根据《远程跨境空气污染传输公约》和欧盟空气质量法规《第 2004/107/EC 号指令》《第 2008/50/EC 号指令》所制定的，《空气质量法规》（Decreto-Lei n.° 102/2010）将欧盟指令转换为国家法律，建立了空气质量标准和空气质量目标的管理程序。在《空气质量法规》（Decreto-Lei n.° 102/2010）的要求下，《国家空气战略》（ENAR 2020）的设立使葡萄牙空气质量目标更加明确，并且可以根据具体情况更新战略目标。

2. 现行标准主要内容

《空气质量法规》（Decreto-Lei n.° 102/2010）规定了环境空气污染物项目、平均时间及浓度限值、监测方法、数据统计有效性的规定以及实施与监督等内容。适用于全国范围内环境空气质量评价与管理。

3. 现行标准保护对象

《空气质量法规》（Decreto-Lei n.°102/2010）中环境空气保护对象分为公众健康和生态环境植被。其中，污染物项目对保护公众健康的标准分为浓度限值、信息发布阈值和警报阈值。鉴于空气污染管理的目标，还制定了环境空气中 $PM_{2.5}$ 的持续改进目标值。

4. 现行标准控制项目及限值

葡萄牙现行《空气气候和能源管理法规》和《国家空气质量管理计划》中分别规定了镉、镍、砷和苯并 [*a*] 芘 4 个项目及标准限值（表 3-66），规定了二氧化硫、一氧化碳、二氧化氮、臭氧、$PM_{2.5}$、PM_{10}、铅和苯 8 个项目及对人体的浓度限值（表 3-67），规定了氮氧化物、二氧化硫和臭氧 3 个项目对植被的浓度限值（表 3-68），规定了 PM_{10}、$PM_{2.5}$、二氧化硫、二氧化氮、铅、苯和一氧化碳 7 个项目对人体健康的评估上限和下限值（表 3-69），规定了二氧化硫和氮氧化物对植被的评估上限和下限值（表 3-70），针对镉、镍、砷和苯并 [*a*] 芘规定了的评估上限和下限值（表 3-71），以及标准中规定了 $PM_{2.5}$ 到 2020 年的减排标准（表 3-72），供葡萄牙各地严格遵守该标准和减排目标。

表 3-66 环境空气中重金属的浓度限值

序号	污染物项目	平均时间	浓度限值
1	Cd	年几何平均	5 ng/m^3
2	Ni	年几何平均	20 ng/m^3
3	As	年几何平均	6 ng/m^3
4	苯并 [*a*] 芘（BaP）	年几何平均	1 ng/m^3

表 3-67　环境空气污染物基本项目对人体的浓度限值（葡萄牙）

序号	污染物项目	平均时间	原文浓度限值	达标统计规定
1	SO_2	24 小时值	125 μg/m^3	每年允许超标 3 天
		1 小时平均	350 μg/m^3	每年允许超标 24 天
		警报阈值	500 μg/m^3	—
2	NO_2	年几何平均	40 μg/m^3	—
		1 小时平均	200 μg/m^3	每年允许超标 18 天
		警报阈值	400 μg/m^3	—
3	O_3	8 小时平均	120 μg/m^3	每 3 年及以上允许超标 25 天
		1 小时平均	180 μg/m^3	—
		警报阈值	240 μg/m^3	—
4	CO	8 小时平均	10 mg/m^3	—
5	PM_{10}	年几何平均	40 μg/m^3	—
		24 小时值	50 μg/m^3	每年允许超标 35 天
6	$PM_{2.5}$	年几何平均（目标值）	25 μg/m^3	—
		接触浓度限值	20 μg/m^3	—
7	Pb	年几何平均	0.5 μg/m^3	—
8	苯	年几何平均	5 μg/m^3	—

表 3-68　环境空气污染物基本项目对植物的浓度限值

序号	污染物项目	平均时间	浓度限值
1	SO_2	冬季几何平均	20 μg/m^3
2	NO_x	年几何平均	30 μg/m^3
3	O_3	1 小时平均 *	6 000 μg/（m^3・h）

注：* AOT40 均值计算，以 μg/（m^3・h）表示，在规定时间段内（植被：每年 5 月 1 日至 7 月 31 日；森林：每年 4 月 1 日至 9 月 30 日），欧洲中央时间早上 8 点到晚上 8 点中，1 小时测量值的浓度差之和大于 80 μg/m^3（40 ppm）。

表 3-69 环境空气中污染物基本项目对人体健康的评价上限值和下限值

序号	污染物项目	评价上限	评价下限
1	SO_2	75 μg/m³（每日值），每个公历年不得超过 3 次	50 μg/m³（每日值），每个公历年不得超过 3 次
2	NO_2	140 μg/m³（每小时平均），每个公历年不得超过 18 次 32 μg/m³（年几何平均）	100 μg/m³（每小时平均），每个公历年不得超过 18 次 26 μg/m³（年几何平均）
3	PM_{10}	35 μg/m³（每小时平均），每个公历年不得超过 30 次 22 μg/m³（年几何平均）	25 μg/m³（每小时平均），每个公历年不得超过 30 次 20 μg/m³（年几何平均）
4	$PM_{2.5}$	12 μg/m³（年几何平均）	10 μg/m³（年几何平均）
5	Pb	0.35 μg/m³（年几何平均）	0.25 μg/m³（年几何平均）
6	苯	3.5 μg/m³（年几何平均）	2 μg/m³（年几何平均）
7	CO	7 mg/m³（8 小时平均）	5 mg/m³（8 小时平均）

表 3-70 环境空气中污染物基本项目对植被保护的评价上限值和下限值

序号	污染物项目	评价上限	评价下限
1	SO_2	12 μg/m³（冬季平均）	8 μg/m³（冬季平均）
2	NO_x	24 μg/m³（年几何平均）	19.5 μg/m³（年几何平均）

表 3-71 环境空气中重金属污染物和其他污染物的评价上限值和下限值

序号	污染物项目	评价上限（年几何平均）	评价下限（年几何平均）
1	Cd	3 ng/m³	2 ng/m³
2	Ni	14 ng/m³	10 ng/m³
3	As	3.6 ng/m³	2.4 ng/m³
4	苯并 [*a*] 芘（BaP）	0.6 ng/m³	0.4 ng/m³

表 3-72　环境空气中 $PM_{2.5}$ 到 2020 年的削减目标量

初始目标	削减目标*
≤8.5 μg/m³	0
＞8.5 μg/m³ 和＜13 μg/m³	10%
＞13 μg/m³ 和＜18 μg/m³	15%
＞18 μg/m³ 和＜22 μg/m³	20%
＞22 μg/m³	采取任何适当措施达到 18 μg /m³

注：* IEM 2020（IEM 2020：平均参考浓度指标，对应于 2018 年、2019 年和 2020 年的 3 年平均浓度的均值，单位为 μg/m³）相较 IEM 2010（2009 年、2010 年和 2011 年的 3 年平均浓度）所需要的减少量，该目标定于 2020 年实现。

参考文献

[1] 葡萄牙环境局 . 空气质量法规（Decreto-Lei n.° 102/2010）[EB/OL].(2015-03-27) [2020-08-07]. https://apambiente.pt/index.php?ref=16&subref=82&sub2ref=316.

[2] 葡萄牙政府 . 国家空气战略（ENAR 2020）[EB/OL].(2020-03-15) [2020-08-07]. https://apambiente.pt/_zdata/Inventario/20200318/NIR_FINAL.pdf.

（三十三）挪威

1. 标准简介

挪威气候和环境部于 2004 年 6 月 24 日颁布了《污染限制规定》（forurensningsforskriften），其中，第 3 章设置了环境空气质量标准和空气质量管理细则，要求各级市政府在监测网络和污染防治方面加强合作。

2. 现行标准主要内容

《污染限制规定》（forurensningsforskriften）中针对空气质量规定了污染物项目、平均时间浓度限值、保护对象、监测方法、数据统计有效性的规定、实施与监督等内容，适用于全国范围内法规性环境空气质量评价与管理。

3. 现行标准保护对象

《污染限制规定》（forurensningsforskriften）中环境空气保护对象分为公众健康和生态环境植被。

4. 现行标准控制项目及限值

在挪威《污染限制规定》（forurensningsforskriften）中，针对 PM_{10}、二氧化氮、二氧化硫、苯、铅、一氧化碳和 $PM_{2.5}$ 7 个项目规定了保护公众健康和生态环境植被的浓度限值要求（表 3–73），针对镉、镍、砷和苯并 [*a*] 芘设立了浓度限值要求（表 3–74），针对臭氧设立了浓度限值、长期目标值和警报阈值（表 3–75、表 3–76 和表 3–77），规定了 PM_{10}、$PM_{2.5}$、二氧化硫、二氧化氮、铅、苯和一氧化碳保护公众健康的评价上限和下限值（表 3–78），规定了二氧化硫和氮氧化物保护生态环境植被的评价上限和下限值（表 3–79），以及针对镉、镍、砷和苯并 [*a*] 芘规定了的评价上限和下限值（表 3–80）。

表 3–73　环境空气中污染物基本项目对人体和植被的浓度限值

序号	污染物项目	平均时间	浓度限值	达标统计规定
1	SO_2	24 小时值 （保护人体健康）	125 μg/m³	每年允许超标 3 次
		1 小时平均 （保护人体健康）	350 μg/m³	每年允许超标 24 次
		年几何平均 和冬季平均（10 月—3 月） （保护生态系统）	20 μg/m³	—
2	NO_x 和 NO_2	1 小时平均 （保护人体健康）	200 μg/m³ NO_2	每年允许超标 18 次
		年几何平均 （保护人体健康）	40 μg/m³ NO_2	—
		年几何平均 （保护植被）	30 μg/m³ NO_x	—
3	PM_{10}	24 小时值 （保护人体健康）	50 μg/m³	每年允许超标 35 次
		年几何平均 （保护人体健康）	25 μg/m³	—
4	$PM_{2.5}$	年几何平均 （保护人体健康）	15 μg/m³	—
5	苯	年几何平均 （保护人体健康）	5 μg/m³	—

续表

序号	污染物项目	平均时间	浓度限值	达标统计规定
6	CO	8 小时值（保护人体健康）	10 mg/m^3	—
7	Pb	年几何平均（保护人体健康）	0.5 μg/m^3	—

表 3-74　重金属污染物和其他污染物对公众健康的浓度限值

序号	污染物项目	平均时间	原文浓度限值
1	Cd	年几何平均	5 ng/m^3
2	Ni	年几何平均	20 ng/m^3
3	As	年几何平均	6 ng/m^3
4	苯并 [*a*] 芘（BaP）	年几何平均	1 ng/m^3

注：所有重金属和苯并 [*a*] 芘都是在 PM_{10} 分数总含量中的浓度限值。

表 3-75　环境空气中臭氧的浓度限值

序号	污染物项目	平均时间	浓度限值	达标统计规定
1	O_3	8 小时值（保护人体健康）	25 μg/m^3	每 3 年允许超标 25 次
		1 小时平均 *（保护植被）	18 000 μg/m^3	5 年平均为 18 000 μg/（m^3・h）

注：* AOT40 均值计算，以 μg/（m^3・h）表示，在每年 5 月 1 日至 7 月 31 日，欧洲中央时间早上 8 点到晚上 8 点中，1 小时测量值的浓度差之和大于 80 μg/m^3（40 ppm）。

表 3-76　环境空气中臭氧的长期目标值

序号	污染物项目	平均时间	原文浓度限值
1	O_3	1 小时平均（保护人体健康）	120 μg/m^3
		1 小时平均 *（保护植被）	6 000 μg/m^3

注：* AOT40 均值计算，以 μg/（m^3・h）表示，在每年 5 月 1 日至 7 月 31 日，欧洲中央时间早上 8 点到晚上 8 点中，1 小时测量值的浓度差之和大于 80 μg/m^3（40 ppm）。

表 3-77　环境空气中臭氧的信息发布阈值和警报阈值

序号	污染物项目	平均时间	原文浓度限值
1	O_3（信息发布阈值）*	1 小时平均	180 μg/m³*
	O_3（警报阈值）	1 小时平均	240 μg/m³*

注：* 短期接触该水平会对人群中特别敏感的人群构成对人类健康的风险，并有必要发布旨在及时提供适当信息的信息这些团体和减少某些排放的建议。

表 3-78　环境空气中污染物基本项目保护公众健康的评价上限值和下限值

序号	污染物项目	评价上限	评价下限
1	SO_2	75 μg/m³（每日值），每个公历年不得超过 3 次	50 μg/m³（每日值），每个公历年不得超过 3 次
2	NO_2	140 μg/m³（每小时平均），每个公历年不得超过 18 次 32 μg/m³（年几何平均）	100 μg/m³（每小时平均），每个公历年不得超过 18 次 26 μg/m³（年几何平均）
3	PM_{10}	35 μg/m³（每小时平均），每个公历年不得超过 30 次 22 μg/m³（年几何平均）	25 μg/m³（每小时平均），每个公历年不得超过 30 次 20 μg/m³（年几何平均）
4	$PM_{2.5}$	12 μg/m³（年几何平均）	10 μg/m³（年几何平均）
5	Pb	0.35 μg/m³（年几何平均）	0.25 μg/m³（年几何平均）
6	苯	3.5 μg/m³（年几何平均）	2 μg/m³（年几何平均）
7	CO	7 mg/m³（8 小时平均）	5 mg/m³（8 小时平均）

表 3-79　环境空气中污染物基本项目保护生态植被的评价上限值和下限值

序号	污染物项目	评价上限	评价下限
1	SO_2	12 μg/m³（冬季平均）	8 μg/m³（冬季平均）
2	NO_x	24 μg/m³（年几何平均）	19.5 μg/m³（年几何平均）

表 3-80　环境空气中重金属污染物和其他污染物的评价上限值和下限值

序号	污染物项目	评价上限（年几何平均）	评价下限（年几何平均）
1	Cd	3 ng/m^3	2 ng/m^3
2	Ni	14 ng/m^3	10 ng/m^3
3	As	3.6 ng/m^3	2.4 ng/m^3
4	苯并 [*a*] 芘（BaP）	0.6 ng/m^3	0.4 ng/m^3

参考文献

[1] Klima-ogmiljødepartementet. Forskrift om begrensning av forurensning (forurensningsforskriften) [EB/OL]. (2019-11-29)[2020-08-07]. https://lovdata.no/dokument/SF/forskrift/ 2004-06-01-931.

（三十四）希腊

1. 标准简介

2007 年 8 月，希腊根据欧洲共同体理事会《关于周围空气中的砷、镉、汞、镍和多环芳烃的指令（2004/107/EC）》的规定，发布了《希腊共和国政府公报》（JMC 22306/1075/E103，政府公报 920B/8.6.07），确定环境空气中砷、镉、汞、镍和苯并 [*a*] 芘 5 种污染物的浓度目标值和阈值。

2011 年 3 月，希腊根据欧洲共同体理事会《欧洲环境空气质量和清洁空气》（指令 2008/50/EC）的规定，发布了《希腊共和国政府公报》（JMC 14122/549/E103，政府公报 488B/30.3.11）规定了二氧化硫、PM_{10}、$PM_{2.5}$、二氧化氮、臭氧、铅、苯、一氧化碳 8 种污染物。2017 年，希腊发布《希腊共和国政府公报》（JM 174505/607，政府公报 1311B/13.4.17），修订欧洲议会和理事会指令 2004/107/EC 和 2008/50/EC 的指令 2015/1480/EC，重新规定参考方法，数据验证和位置的规则评估环境空气质量的采样点。

2. 现行标准主要内容

现行标准规定了污染物项目、平均时间及浓度限值、监测方法、监测网络、数据统计有效性的规定及达标统计等内容。标准适用于全国范围内环境空气质量评价与管理。

3. 现行标准保护对象

希腊现行标准的环境保护对象分为两类：一类为植被保护和自然生态系统；另一类为人体健康保护，两类对应不同的浓度限值。

4. 现行标准控制项目及限值

希腊目前实行的标准中规定了常规污染物二氧化硫、PM_{10}、$PM_{2.5}$、二氧化氮、臭氧、铅、苯、一氧化碳等 9 种污染物。还规定了砷、镉、镍和苯并 [*a*] 芘 4 种其他污染物的浓度目标值和阈值，符合欧盟规定的空气质量限制。

表 3-81 国家环境空气质量标准（希腊）

<table>
<tr><th rowspan="3">序号</th><th rowspan="3">污染物项目</th><th rowspan="3">平均时间</th><th colspan="4">标准
浓度限值</th><th rowspan="3">达标统计规定</th></tr>
<tr><th colspan="2">人体健康</th><th colspan="2">植被保护</th></tr>
<tr><th>评价上限</th><th>评价下限</th><th>评价上限</th><th>评价下限</th></tr>
<tr><td>1</td><td>SO_2</td><td>24 小时平均</td><td>75 μg/m³</td><td>50 μg/m³</td><td>12 μg/m³</td><td>8 μg/m³</td><td>人体健康上限：任何日历年均不得超过 3 次；
人体健康下限：任何日历年均不得超过 3 次</td></tr>
<tr><td rowspan="2">2</td><td rowspan="2">NO_2</td><td>1 小时平均</td><td>140 μg/m³</td><td>100 μg/m³</td><td>—</td><td>—</td><td rowspan="2">人体健康 1 小时均值的上限：任何日历年均不得超过 18 次；
人体健康 1 小时均值的下限：任何日历年均不得超过 18 次</td></tr>
<tr><td>年平均</td><td>32 μg/m³</td><td>26 μg/m³</td><td>—</td><td>—</td></tr>
<tr><td>3</td><td>NO_x</td><td>年平均</td><td>—</td><td>—</td><td>24 μg/m³</td><td>19.5 μg/m³</td><td>—</td></tr>
</table>

续表

<table>
<tr><th rowspan="3">序号</th><th rowspan="3">污染物项目</th><th rowspan="3">平均时间</th><th colspan="4">标准
浓度限值</th><th rowspan="3">达标统计规定</th></tr>
<tr><th colspan="2">人体健康</th><th colspan="2">植被保护</th></tr>
<tr><th>评价上限</th><th>评价下限</th><th>评价上限</th><th>评价下限</th></tr>
<tr><td rowspan="2">4</td><td rowspan="2">PM_{10}</td><td>24 小时平均</td><td>35 μg/m^3</td><td>25 μg/m^3</td><td>—</td><td>—</td><td>24 小时均值的上限：任何日历年均不得超过 35 次；
24 小时均值的下限：任何日历年均不得超过 35 次</td></tr>
<tr><td>年平均</td><td>28 μg/m^3</td><td>20 μg/m^3</td><td>—</td><td>—</td><td>—</td></tr>
<tr><td>5</td><td>$PM_{2.5}$</td><td>年平均</td><td>17 μg/m^3</td><td>12 μg/m^3</td><td>—</td><td>—</td><td>—</td></tr>
<tr><td>6</td><td>Pb</td><td>年平均</td><td>0.35 μg/m^3</td><td>0.25 μg/m^3</td><td>—</td><td>—</td><td>—</td></tr>
<tr><td>7</td><td>苯</td><td>年平均</td><td>3.5 μg/m^3</td><td>2 μg/m^3</td><td>—</td><td>—</td><td>—</td></tr>
<tr><td>8</td><td>CO</td><td>8 小时平均</td><td>7 mg/m^3</td><td>5 mg/m^3</td><td>—</td><td>—</td><td>—</td></tr>
<tr><td rowspan="2">9</td><td rowspan="2">O_3</td><td>8 小时平均</td><td colspan="2">120 μg/m^3</td><td>—</td><td>—</td><td>3 年内平均每个日历年不超过 25 天</td></tr>
<tr><td>5—7月</td><td>—</td><td>—</td><td colspan="2">18 000 μg/（m^3 · h）</td><td>5 年平均值</td></tr>
</table>

注：①人体健康的评价上限和评价下限是对应时间污染物浓度极限值的百分比，植被保护的评价上限和评价下限是对应时间污染物浓度临界水平的百分比。表格中已经折算成污染物浓度值。

② $PM_{2.5}$ 的最高评价阈值和较低评价阈值不适用于评价是否符合保护人类健康的 $PM_{2.5}$ 暴露减少目标的测量。

③ O_3 的评价如果无法根据完整和连续的年度数据集确定 3 年或 5 年的平均值，则根据符合目标值所需的最小年度数据如下：a. 为保护人类健康的目标值：1 年的有效数据；b. 关于保护植被的目标值：3 年的有效数据。

表 3-82　希腊其他空气污染物浓度限值

序号	污染物项目	平均时间	标准浓度限值		目标值③	达标统计规定
			评估上限①	评估下限②		
1	As	年平均	3.6 ng/m^3	2.4 ng/m^3	6 ng/m^3	—
2	Cd	年平均	3 ng/m^3	2 ng/m^3	5 ng/m^3	—
3	Ni	年平均	14 ng/m^3	10 ng/m^3	20 ng/m^3	—
4	苯并 [*a*] 芘（BaP）	年平均	0.6 ng/m^3	0.4 ng/m^3	1 ng/m^3	—

注：①评估上限阈值，以目标值的百分比表示；较低的评估阈值，以目标值的百分比表示。表格已经折算成浓度值。

②必须根据可获得的足够数据的过去 5 年中的浓度来确定是否超出评估上限和下限。如果在前 5 年的至少 3 个日历年中超过了评估阈值，则将其视为已经超过。如果可获得不到 5 年的数据，则可以在 1 年中的短时间内进行测量活动，并在可能是最高污染水平的典型地点，结合从排放清单和模型获得的信息来确定超标情况评估阈值的上限和下限。

③对于 1 个日历年中平均的 PM_{10} 分数的总含量。

参考文献

[1] ΤΕΥΧΟΣ ΔΕΥΤΕΡΟ. ΕΦΗΜΕΡΙΣ ΤΗΣ ΚΥΒΕΡΝΗΣΕΩΣΤΗΣ ΕΛΛΗΝΙΚΗΣ ΔΗΜΟΚΡΑΤΙΑΣ JMC 22306/1075/E103[EB/OL]. (2007-06-08)[2020-08-04]. http://www.ypeka.gr/el-gr/.

[2] ΤΕΥΧΟΣ ΔΕΥΤΕΡΟ. ΕΦΗΜΕΡΙΣ ΤΗΣ ΚΥΒΕΡΝΗΣΕΩΣΤΗΣ ΕΛΛΗΝΙΚΗΣ ΔΗΜΟΚΡΑΤΙΑΣ JMC 14122/549/E103[EB/OL]. (2011-03-30)[2020-08-04]. http://www.ypeka.gr/el-gr/.

[3] ΤΕΥΧΟΣ ΔΕΥΤΕΡΟ. ΕΦΗΜΕΡΙΣ ΤΗΣ ΚΥΒΕΡΝΗΣΕΩΣΤΗΣ ΕΛΛΗΝΙΚΗΣ ΔΗΜΟΚΡΑΤΙΑΣ JM 174505/607[EB/OL]. (2017-04-13)[2020-08-04]. http://www.ypeka.gr/el-gr/.

[4] Official Journal of the European Union. Directive 2004/107/EC of the European Parliament and of the Council of 15 December 2004 on ambient air quality and cleaner air for Europe[EB/OL]. (2008-05-21)[2020-08-04]. http://data.europa.eu/eli/dir/2008/50/oj.

[5] Official Journal of the European Union. Directive 2004/107/EC of the European Parliament and of the Council of 15 December 2004 relating to arsenic, cadmium, mercury, nickel and polycyclic aromatic hydrocarbons in ambient air[EB/OL]. (2015-09-18)[2020-08-04]. https://eur-lex.europa.eu/eli/dir/2004/107/oj.

（三十五）克罗地亚

1. 标准简介

1995 年，克罗地亚议会众议院根据《克罗地亚共和国宪法》第 89 条，决定颁布《空气保护法》（NN 48/1995—992），用于保护和改善环境空气质量。1996 年，根据《空气保护法》（NN 48/1995—992）的要求，克罗地亚政府发布《环境空气质量限值条例》（NN 101/1996—1971）规定了二氧化硫、总颗粒物、PM_{10}、二氧化氮、一氧化氮、臭氧、氨气、硫化氢、硫醇、甲烷（甲醛）、苯酚、氯化氢、气态氟化物，颗粒物中镉、铅、锰、硫酸盐、氟化钠、汞蒸气和无机汞、总沉积物及总沉淀物中的铅化合物、镉化合物、苯、1-3 丁二烯等多种空气污染物的浓度值。2004 年，对《空气保护法》（NN 178/2004—3082）进行了修订，对改善空气质量、应对气候变化、保护臭氧层方面增加了更详细的规定。2005 年，克罗地亚政府对《环境空气质量限值条例》进行了非常大的修订，发布《空气污染物限值管制条例》（NN 133/2005—2467）具体明确了控制的空气污染物项目及其限制值、目标值、评价方法和具体保护对象，形成了较为系统的管制条例。2011 年，克罗地亚政府再次修订《空气保护法》（NN 130/2011—2601）增至 159 条，确立了空气和臭氧层保护，气候变化，空气质量监测和评估，空气质量报告和数据交换，质量监测活动的能力和责任以及空气和空气排放，空气保护信息系统，行政检查监督等内容。2012 年，克罗地亚政府发布新的《空气污染物限值管制条例》（NN 117/2012—2521）增设地面臭氧的污染物项目，删去 PM_{10} 中的硫酸盐、氯化氢、气态氟化物等项目；对浓度限值、目标值、临界水平、警报阈值、信息阈值有了更明确的规定；并对污染物浓度限值进行了一定调整。2019 年，克罗地亚政府发布《空气保护法》（NN 127/2019—2553）。2020 年，克罗地亚政府更新《空气污染物限值管制条例》（NN 127/2019—2553）将欧盟发布的 2015 年 10 月 28 日关于保护公众的 2015/1480 号委员会指令纳入克罗地亚法律中。

2. 现行标准主要内容

现行《空气污染物限值管制条例》（NN 127/2019—2553）规定了污染物

项目、平均时间及浓度限值和目标值、警报阈值、信息发布阈值、长期目标和临界水平。此外，还包括监测方法、监测网络、数据统计的有效性规定及达标统计等内容。标准适用于全国范围内环境空气质量评价与管理。

3. 现行标准保护对象

现行《空气污染物限值管制条例》（NN 127/2019—2553）的环境保护对象分为两类：一类为植被保护和自然生态系统；另一类为公众健康，两类对应不同浓度限值。

4. 现行标准控制项目及限值

现行《空气污染物限值管制条例》（NN 127/2019—2553）中规定了二氧化硫、一氧化氮（氮氧化物）、二氧化氮、一氧化碳、PM_{10} 和 $PM_{2.5}$，PM_{10} 中铅、镉、砷、镍、苯并 [*a*] 芘、气态汞、苯、硫化氢、氨、甲烷（甲醛）、硫醇、总沉积物，总沉淀物中铅、镉、砷、镍、汞和苯并 [*a*] 芘的含量，地面臭氧。

表 3-83　保护公众健康的污染物浓度限值

序号	污染物项目	平均时间	浓度限值	达标统计规定
1	SO_2	1 小时平均	350 μg/m³	任何日历年均不得超过 24 次
		24 小时平均	125 μg/m³	任何日历年均不得超过 3 次
2	NO_2	1 小时平均	200 μg/m³	任何日历年均不得超过 18 次
		年平均	40 μg/m³	—
3	CO	8 小时平均	10 mg/m³	—
4	PM_{10}	24 小时平均	50 μg/m³	任何日历年均不得超过 35 次
		年平均	40 μg/m³	—
5	苯	年平均	5 μg/m³	—
6	PM_{10} 中的铅	年平均	0.5 μg/m³	—
7	Hg（气）	年平均	1 μg/m³	—

注：①除 PM_{10} 和 PM_{10} 样品中的污染物外，所有物质的监测浓度，均需折算到标准状态（101.3 kPa 和 293 K）。

②每日最大 8 小时平均浓度由移动 8 小时平均值确定，根据每小时小时数据计算。按此方式计算的每 8 小时平均值都于当天结束。任何一天的第一个计算周期涵盖从前一天的 17：00 到当天的 01：00 开始；任何日期的最后计算周期是当天的 16：00 至 24：00。

③在确定 PM_{10} 分数浓度时，PM_{10} 的采样不会针对温度和气压进行校正。

表 3-84　$PM_{2.5}$ 和 PM_{10} 的污染物保护公众健康的目标值

序号	污染物项目	平均时间	目标值（CV）
1	$PM_{2.5}$	年平均	25 μg/m³
2	PM_{10} 中的砷	年平均	6 ng/m³
3	PM_{10} 中的镉	年平均	5 ng/m³
4	PM_{10} 中的镍	年平均	20 ng/m³
5	PM_{10} 中的苯并 [*a*] 芘	年平均	1 ng/m³

表 3-85　关于影响生活质量（气味）的空气污染物浓度的极限值

序号	污染物项目	平均时间	极限值（GV）	达标统计规定
1	H_2S	1 小时	7 μg/m³	在 1 个日历年内，GV 不得超过 24 次
		24 小时	5 μg/m³	在 1 个日历年内，GV 不得超过 7 次
2	硫醇	24 小时	3 μg/m³	在 1 个日历年内，GV 不得超过 7 次
3	NH_3	24 小时	100 μg/m³	在 1 个日历年内，GV 不得超过 7 次
4	甲烷（甲醛）	24 小时	30 μg/m³	—

表 3-86　总沉降物及其金属含量的限值

序号	污染物项目	平均时间	限值（CV）
1	总沉降物	年平均	350 mg/（m²·d）
2	铅	年平均	100 μg/（m²·d）
3	镉	年平均	2 μg/（m²·d）
4	砷	年平均	4 μg/（m²·d）
5	镍	年平均	15 μg/（m²·d）
6	汞	年平均	1 μg/（m²·d）
7	钛	年平均	2 μg/（m²·d）

表 3-87　保护公众健康的评价限值

序号	污染物项目	评估级别	平均时间	污染物浓度标准	达标统计规定
1	SO_2	上限	24 小时平均	75 μg/m³（60%GV）	在任何日历年中，评价阈限值不得超过 3 次
		下限	24 小时平均	50 μg/m³（40%GV）	在任何日历年中，评价阈限不得超过 3 次
2	NO_2	上限	1 小时平均	140 μg/m³（70%GV）	在任何日历年中，评价阈限不得超过 18 次
			年平均	32 μg/m³（80%GV）	
		下限	1 小时平均	100 μg/m³（50%GV）	
			年平均	26 μg/m³（65%GV）	
3	PM_{10}	上限	24 小时平均	35 μg/m³（70%GV）	在任何日历年中，评价阈限不得超过 35 次
			年平均	28 μg/m³（70%GV）	
		下限	24 小时平均	25 μg/m³（50%GV）	
			年平均	20 μg/m³（50%GV）	
4	$PM_{2.5}$	上限	年平均	17 μg/m³（70%GV）	—
		下限	年平均	12 μg/m³（50%GV）	—
5	PM_{10} 中的铅	上限	年平均	0.35 μg/m³（70%GV）	—
		下限	年平均	0.25 μg/m³（50%GV）	—
6	PM_{10} 中的砷	上限	年平均	3.6 ng/m³（60%GV）	—
		下限	年平均	2.4 ng/m³（40%GV）	—
7	PM_{10} 中的镍	上限	年平均	14 ng/m³（70%GV）	—
		下限	年平均	10 ng/m³（50%GV）	—
8	PM_{10} 中的苯并 [*a*] 芘	上限	年平均	0.6 ng/m³（60%GV）	—
		下限	年平均	0.4 ng/m³（40%GV）	—
9	PM_{10} 中的镉	上限	年平均	3 ng/m³（60%GV）	—
		下限	年平均	2 ng/m³（40%GV）	—
10	苯	上限	年平均	3.5 ng/m³（70%GV）	—
		下限	年平均	2 ng/m³（40%GV）	—
11	CO	上限	每日最大 8 小时平均值	7 mg/m³（70%GV）	—
		下限	每日最大 8 小时平均值	5 mg/m³（50%GV）	—

表 3-88 保护植被和自然生态系统方的评价限值

序号	污染物项目	评估级别	监测时间	平均时间	污染物浓度标准	污染物折算浓度
1	SO_2	上限	冬季	冬季（10 月 1 日至 3 月 31 日）	12 μg/m³	12 μg/m³
		下限	冬季	冬季（10 月 1 日至 3 月 31 日）	8 μg/m³	8 μg/m³
2	NO_x	上限	公历年	年平均	24 μg/m³	24 μg/m³
		下限	公历年	年平均	19.5 μg/m³	19.5 μg/m³

表 3-89 地表臭氧的目标值和长期目标以及地表臭氧前体的测量

序号	污染物项目	目标	平均时间	目标值（CV）	达标统计规定
1	O_3	保护人类健康	每日最高 8 小时平均值	120 μg/m³	3 年内平均不得超过超过 1 个日历年的 25 天
		植被保护	5—7 月	18 000 μg/（m³·h）	—

注：1. 所有臭氧浓度值均以 μg/m³ 表示。必须标准化为以下温度和压力条件：293 K 和 101.3 kPa。

2. 从此日期开始评价是否符合目标值。以 2010 年为第 1 年，其数据分别用于计算未来 3 年和 5 年的合规性。

3. 每天最高的 8 小时浓度平均值应根据 8 小时移动平均值的检验来选择，该平均值是从 1 小时值获得的数据中计算出来的，并每小时更新 1 次。以这种方式计算的每个 8 小时平均值属于结束日期，即任意 1 天的第 1 个计算周期是从前 1 天的 17：00 到该天的 01：00；任意 1 天的最后 1 个计算周期是该天的 16：00 至 24：00。

4. 如果不能根据一套完整且连续的年度数据确定 3 年或 5 年的平均值，则验证符合目标值所需的最低年度数据应为：达到保护公众健康的目标值为 1 年有效数据；植被保护的目标值：3 年的有效数据。

参考文献

[1] ZASTUPNIČKI DOM SABORA REPUBLIKE HRVATSKE. Odluka o proglašenju Zakona o zaštiti zraka Odluka, NN 48/1995-992[EB/OL]. (1995-06-27)[2020-08-05]. https://narodne-novine.nn.hr/clanci/sluzbeni/1995_07_48_992.html.

[2] VLADA REPUBLIKE HRVATSKE. Uredba o preporučenim i graničnim vrijednostima kakvoće zraka Uredba, NN 101/1996-1971[EB/OL]. (1996-11-28)[2020-08-05]. https://narodne-novine.nn.hr/clanci/sluzbeni/1996_11_101_1971.html.

[3] VLADA REPUBLIKE HRVATSKE. Zakon o zaštiti zraka, NN 178/2004-3082[EB/OL]. (2004-12-30)[2020-08-05]. https://narodne-novine.nn.hr/clanci/sluzbeni/2004_12_178_3082.html.
[4] VLADA REPUBLIKE HRVATSKE. Uredba o graničnim vrijednostima onečišćujućih tvari u zraku, NN 133/2005-2467[EB/OL]. (2005-11-28)[2020-08-05]. https://narodne-novine.nn.hr/clanci/sluzbeni/2005_11_133_2467.html.
[5] VLADA REPUBLIKE HRVATSKE. Zakon o zaštiti zraka, NN 130/2011-2601[EB/OL]. (2011-10-28)[2020-08-05]. https://narodne-novine.nn.hr/clanci/sluzbeni/20 11_11_130_2601.html.
[6] VLADA REPUBLIKE HRVATSKE. Uredba o graničnim vrijednostima onečišćujućih tvari u zraku, NN 117/2012-2521[EB/OL]. (20012-10-28)[2020-08-05]. https://narodne-novine.nn.hr/clanci/sluzbeni/2012_10_117_2521.html.
[7] VLADA REPUBLIKE HRVATSKE. Zakon o zaštiti zraka, NN 127/2019-2553[EB/OL]. (2019-12-13)[2020-08-05]. https://narodne-novine.nn.hr/clanci/sluzbeni/2019_12_127_2553.html.
[8] VLADA REPUBLIKE HRVATSKE. Uredba o graničnim vrijednostima onečišćujućih tvari u zraku，NN 77/2020-1465[EB/OL]. (2020-07-17)[2020-08-05]. https://narodne-novine.nn.hr/clanci/sluzbeni/2020_07_77_1465.html.

（三十六）斯洛伐克

1. 标准简介

1992 年，斯洛伐克根据《空气法》（309/1991 Z）建立国家空气保护局，确立其在空气保护和监测的职能范围。2002 年，斯洛伐克国家空气保护局根据《关于空气保护和补充关于空气污染收费的规定修订〈空气法〉》（478/2002 Z）的相关规定，制定《空气质量标准》（705/2002 Z），规定了二氧化硫、二氧化氮、氮氧化物、PM_{10}、铅、苯、一氧化氮、砷、镉、镍、苯并 [*a*] 芘、臭氧等污染物。此后，斯洛伐克的空气质量标准经历了 6 次修订。

2007 年，《修正关于空气质量标准的第 705/2002 号法令》（351/2007 Z）增设了砷、镉、镍、苯并 [*a*] 芘的目标值、达标日期和最低采样标准；补充说明了沉积物中多环芳烃的采样方法；规范了二氧化硫、二氧化氮、氮氧化物、PM_{10}、$PM_{2.5}$、苯、臭氧、多环芳烃、汞的测量方法。

2010 年，通过新的《空气法》（137/2010 Z），修订《空气质量标准》

（705/2002 Z），并颁布新的《空气质量标准》（360/2010 Z），删除已经达标的污染物目标值内容，并补充在农场监测空气质量、臭氧前体物监测等内容。2013 年，发布《修正斯洛伐克共和国农业、环境和区域发展部关于空气质量的第 360/2010 号法令》（442/2013 Z）增设二氧化硫、二氧化氮、臭氧、PM_{10} 等污染物的警报阈值。2016 年，修订《空气质量标准》（360/2010 Z）并发布新的《空气质量标准》（244/2016 Z），删除环境空气质量的质量目标评价等内容。2017 年，发布《修订斯洛伐克共和国环境部关于空气质量的第 244/2016 号法令》（296/2017 Z）增设了警报、信息发布的方法和内容。2020 年，发布《修正第 296/2017 Z 号法令修正斯洛伐克共和国环境部关于空气质量标准的第 244/2016 号法令》（32/2020 Z），修正了空气监测的聚集区和区域范围。

2. 现行标准主要内容

现行标准规定了污染物项目及其浓度限值，环境空气质量评价的上、下阈限值和监测方法，臭氧的浓度限值、目标和长期目标值，PM_{10} 和 $PM_{2.5}$ 的信息发布值和警报阈值，空气监测适用区域，空气质量数据的公开信息等内容。

3. 现行标准保护对象

现行标准的环境保护对象分为两类：一类为植被保护和自然生态系统；另一类为公众健康，两类对应不同的浓度限值。

4. 现行标准控制项目及限值

斯洛伐克现行标准中规定了 PM_{10}、$PM_{2.5}$、二氧化硫、二氧化氮、一氧化碳、铅、苯、臭氧、砷、镉、镍和苯并 [*a*] 芘等污染物的浓度限值、目标值和评价上、下限值。

表 3-90　环境保护公众健康的浓度限值

序号	污染物项目	平均时间	浓度限值	达标统计规定
1	PM_{10}	24 小时平均	50 μg/m³	每个日历年不得超过 35 次
		年平均	40 μg/m³	—
2	$PM_{2.5}$	年平均	20 μg/m³	—

续表

序号	污染物项目	平均时间	浓度限值	达标统计规定
3	SO_2	1 小时平均	350 μg/m^3	每个日历年不得超过 24 次
		24 小时平均	125 μg/m^3	每个日历年不得超过 3 次
4	NO_2	1 小时平均	200 μg/m^3	每个日历年不得超过 18 次
		年平均	40 μg/m^3	—
5	CO	8 小时平均	10 mg/m^3	—
6	Pb	年平均	0.5 μg/m^3	—
7	苯	年平均	5 μg/m^3	—

表 3-91　环境空气质量评价上限值和下限值

序号	污染物项目	平均时间	浓度限值				达标统计规定
			人体健康		植被保护		
			评价上限	评价下限	评价上限	评价下限	
1	SO_2	24 小时平均	75 μg/m^3	50 μg/m^3	12 μg/m^3	8 μg/m^3	人体健康的限值：任何日历年均不得超过 3 次
2	NO_2	1 小时平均	140 μg/m^3	100 μg/m^3	—	—	任何日历年均不得超过 18 次
		年平均	32 μg/m^3	26 μg/m^3	—	—	—
3	NO_x	年平均	—	—	24 μg/m^3	19.5 μg/m^3	—
4	PM_{10}	24 小时平均	35 μg/m^3	25 μg/m^3	—	—	任何日历年均不得超过 35 次
		年平均	28 μg/m^3	20 μg/m^3	—	—	—
5	$PM_{2.5}$	年平均	17 μg/m^3	12 μg/m^3	—	—	—
6	Pb	年平均	0.35 μg/m^3	0.25 μg/m^3	—	—	—
7	苯	年平均	3.5 μg/m^3	2 μg/m^3	—	—	—
8	CO	8 小时平均	7 mg/m^3	5 mg/m^3	—	—	—
9	砷	年平均	3.6 ng/m^3	2.4 ng/m^3	—	—	—

续表

序号	污染物项目	平均时间	浓度限值				达标统计规定
			人体健康		植被保护		
			评价上限	评价下限	评价上限	评价下限	
10	镉	年平均	3 ng/m^3	2 ng/m^3	—	—	—
11	镍	年平均	14 ng/m^3	10 ng/m^3	—	—	—
12	苯并 [*a*] 芘	年平均	0.6 ng/m^3	0.4 ng/m^3	—	—	—

表 3-92　空气污染物目标值

序号	污染物项目	平均时间	目标值（CV）
1	砷	年平均	6 ng/m^3
2	镉	年平均	5 ng/m^3
3	镍	年平均	20 ng/m^3
4	苯并 [*a*] 芘	年平均	1 ng/m^3

表 3-93　斯洛伐克地表臭氧的目标值

序号	污染物项目	目标	平均时间	目标值（CV）	达标统计规定
1	O_3	保护人类健康	每日最高 8 小时平均值	120 μg/m^3	平均 3 年内每个日历年不超过 25 天
		植被保护	5—7 月	18 000 μg/（m^3 · h）	—

注：如果不能根据一套完整且连续的年度数据确定 3 年或 5 年的平均值，则验证符合目标值所需的最低年度数据应为：达到保护公众健康的目标值：1 年有效数据；达到植被保护的目标值：3 年的有效数据。

参考文献

[1] Slovenskej národnej rady. O štátnej správe ochrany ovzdušia 134/1992 Z[EB/OL]. (1992-02-26)[2020-08-06]. https://www.slov-lex.sk/pravne-predpisy/SK/ZZ/1992/134/20020101.

[2] Ministerstva životného prostredia Slovenskej republiky. o kvalite ovzdušia 705/2002 Z[EB/OL]. (2002-11-29)[2020-08-06]. https://www.slov-lex.sk/pravne-predpisy/SK/ZZ/2002/705/20070801.

[3] Ministerstva životného prostredia Slovenskej republiky. ktorou sa mení a dopĺňa vyhláška Ministerstva životného prostredia Slovenskej republiky č. 705/2002 Z. z. o kvalite ovzdušia 351/2007 Z. z.[EB/OL]. (2007-07-15)[2020-08-06]. https://www.slov-lex.sk/pravne-predpisy/SK/ZZ/2007/351/20070801.
[4] Ministerstva pôdohospodárstva, životného prostredia a regionálneho rozvoja Slovenskej republiky. O Kvalite Ovzdušia 360/2010 Z. z.[EB/OL]. (2010-08-12)[2020-08-06]. https://www.slov-lex.sk/pravne-predpisy/SK/ZZ/2010/360/20140101.
[5] Ministerstva životného prostredia Slovenskej republiky. ktorou sa mení vyhláška Ministerstva pôdohospodárstva, životného prostredia a regionálneho rozvoja Slovenskej republiky č. 360/2010 Z. z. o kvalite ovzdušia 442/2013 Z. z.[EB/OL]. (2013-12-02)[2020-08-06]. https://www.slov-lex.sk/pravne-predpisy/SK/ZZ/2013/442/20140101.
[6] Ministerstva životného prostredia Slovenskej republiky. O Kvalite Ovzdušia 244/2016 Z.z.[EB/OL]. (2016-08-19)[2020-08-06]. https://www.slov-lex.sk/pravne-predpisy/SK/ZZ/2016/244/20200301.
[7] Ministerstva životného prostredia Slovenskej republiky. ktorou sa mení a dopĺňa vyhláška Ministerstva životného prostredia Slovenskej republiky č. 244/2016 Z. z. o kvalite ovzdušia 296/2017 Z. z.[EB/OL]. (2017-11-20)[2020-08-06]. https://www.slov-lex.sk/pravne-predpisy/SK/ZZ/2017/296/20171201.
[8] Ministerstva životného prostredia Slovenskej republiky. ktorou sa mení a dopĺňa vyhláška Ministerstva životného prostredia Slovenskej republiky č. 244/2016 Z. z. o kvalite ovzdušia v znení vyhlášky č. 296/2017 Z. z. 32/2020 Z. z.[EB/OL]. (2020-02-10)[2020-08-06]. https://www.slov-lex.sk/pravne-predpisy/SK/ZZ/2020/32/20200301.

（三十七）匈牙利

1. 标准简介

2003 年，匈牙利发布联合法令《关于某些空气污染物的总排放限值》（7/2003）规定了二氧化硫、氮氧化物、挥发性有机碳氢化合物和氨的排放限值。2010 年，匈牙利发布政府法令《空气保护》（306/2010）规定了国家空气保护计划。2011 年，《空气污染水平的极限值和固定点源的排放极限值》（4/2011）规定了空气污染水平限值，包括健康限值、警报阈值、信息发布阈值、公差限值、目标值和临界水平值。

2011 年，发布《关于检查，控制和评价空气污染水平和固定空气污染物排放的规则》（6/2011）规定了二氧化硫、PM_{10}、$PM_{2.5}$、二氧化氮、臭氧、铅、苯、一氧化碳，颗粒物中的砷、镉、镍和苯并 [*a*] 芘监测，空气质量评价方法和具体限值。

2. 现行标准主要内容

现行标准规定了污染物项目、污染物监测、评价和评估空气污染水平，固定点源、扩散源和气味源的监测方法和监测网络的设计、数据统计有效性的规定及达标统计等内容。标准适用于全国范围内环境空气质量评价与管理。

3. 现行标准保护对象

匈牙利现行标准的环境保护对象分为两类：一类为植被保护和自然生态系统；另一类为公众健康保护，两类对应不同的浓度限值。

4. 现行标准控制项目及限值

匈牙利目前实行的标准中规定了常规污染物二氧化硫、PM_{10}、$PM_{2.5}$、二氧化氮、臭氧、铅、苯、一氧化碳、颗粒物中的砷、镉、镍和苯并 [*a*] 芘等 12 种其他污染物的浓评价限值。

表 3-94　环境空气质量评价限值（匈牙利）

序号	污染物项目	平均时间	标准浓度限值				达标统计规定
			人体健康		植被保护		
			评价上限	评价下限	评价上限	评价下限	
1	SO_2	24 小时平均	75 μg/m³	50 μg/m³	12 μg/m³	8 μg/m³	人体健康的限值：任何日历年均不得超过 3 次
2	NO_2	1 小时平均	70 μg/m³	50 μg/m³	—	—	任何日历年均不得超过 18 次
		年平均	32 μg/m³	26 μg/m³	—	—	—
3	NO_x	年平均	—	—	24 μg/m³	19.5 μg/m³	—
4	PM_{10}	24 小时平均	35 μg/m³	25 μg/m³	—	—	任何日历年均不得超过 35 次
		年平均	28 μg/m³	20 μg/m³	—	—	—
5	$PM_{2.5}$	年平均	17 μg/m³	12 μg/m³	—	—	—
6	颗粒物中的砷	年平均	3.6 ng/m³	2.4 ng/m³	—	—	—

续表

序号	污染物项目	平均时间	标准浓度限值				达标统计规定
			人体健康		植被保护		
			评价上限	评价下限	评价上限	评价下限	
7	颗粒物中的镉	年平均	3 ng/m^3	2 ng/m^3	—	—	—
8	颗粒物中的镍	年平均	14 ng/m^3	10 ng/m^3	—	—	—
9	颗粒物中的苯并 [*a*] 芘	年平均	0.6 ng/m^3	0.4 ng/m^3	—	—	—
10	Pb	年平均	0.21 μg/m^3	0.15 μg/m^3	—	—	—
11	CO	8 小时平均	3.5 mg/m^3	2.5 mg/m^3	—	—	—
12	苯	年平均	3.5 μg/m^3	2 μg/m^3	—	—	—

参考文献

[1] A Magyar Köztársaság. 7/2003.(Ⅴ . 16.) KvVM-GKM együttes rendeletaz egyes levegőszennyező anyagok összkibocsátási határértékeirő[EB/OL]. (2003)[2020-08-07]. https://njt.hu/jogszabaly/2003-7-20-0N.

[2] A Magyar Köztársaság.306/2010.(Ⅻ . 23.) Korm. Rendelet a levegő védelméről[EB/OL]. (2010)[2020-08-07]. https://net.jogtar.hu/jogszabaly?docid=a1000306.kor.

[3] 4/2011.(Ⅰ . 14.) VM rendelet a levegőterheltségi szint határértékeiről és a helyhez kötött légszennyező pontforrások kibocsátási határértékeiről[EB/OL]. (2011)[2020-08-07]. https://net.jogtar.hu/jogszabaly?docid=A1100004.VM.

[4] A Magyar Köztársaság. 6/2011.(Ⅰ . 14.) VM rendelet a levegőterheltségi szint és a helyhez kötött légszennyező források kibocsátásának vizsgálatával, ellenőrzésével, értékelésével kapcsolatos szabályokról3[EB/OL]. (2011)[2020-08-07]. https://net.jogtar.hu/jogszabaly?docid=A1100006.VM.

（三十八）卢森堡

1. 标准简介

1976 年，卢森堡公共卫生和环境部发布《空气污染控制法》，规定了为预防、减少或消除空气污染应采取的措施。此后，根据欧洲议会和理事会的指令进行修改。2011 年，卢森堡发布《卢森堡大公国官方公报》（A88）制定和设定环境空气质量目标，规定了二氧化硫、二氧化氮、氮氧化物、PM_{10}、$PM_{2.5}$、铅、苯和一氧化碳 8 种空气污染物。2017 年发布《卢森堡大公国官方公报》（A203），对 2011 年发布的《卢森堡大公国官方公报》（A88）进行修订，对参考方法、数据验证和监测点的位置规则等内容进行一定修正。

2. 现行标准主要内容

现行标准规定了污染物项目、平均时间及浓度限值、监测方法、数据统计有效性、空气质量计划和管理、国家分区监测等内容。

3. 现行标准保护对象

现行标准将卢森堡分为 4 个区域：Ⅰ区为卢森堡州，确定道路交通的影响；Ⅱ区为阿尔泽特河畔埃施州，确定道路交通和工业影响；Ⅲ区为卢森堡大公国的其余州，监测保护植被的临界水平以及背景浓度；Ⅳ区为卢森堡大公国的整个领土，确定苯和一氧化碳的浓度。标准中规定的保护对象是公众健康、植被和自然生态系统。

4. 现行标准控制项目及限值

卢森堡现行标准中规定了二氧化硫、氮氧化物、二氧化氮、PM_{10}、$PM_{2.5}$、铅、苯和一氧化碳 8 种空气污染物，并使用固定的测量方法评价所有区域的环境空气质量。

表 3-95　用于评估外部空气污染水平的限值（卢森堡）

序号	污染物项目	平均时间	标准浓度限值				达标统计规定
			人体健康		植被保护		
			评价上限	评价下限	评价上限	评价下限	
1	SO_2	24 小时平均	75 μg/m³	50 μg/m³	12 μg/m³	8 μg/m³	人体健康的限值：任何日历年均不得超过 3 次
2	NO_2	1 小时平均	140 μg/m³	100 μg/m³	—	—	任何日历年均不得超过 18 次
		年平均	32 μg/m³	26 μg/m³	—	—	—

续表

序号	污染物项目	平均时间	标准浓度限值				达标统计规定
			人体健康		植被保护		
			评价上限	评价下限	评价上限	评价下限	
3	NO_x	年平均	—	—	24 μg/m³	19.5 μg/m³	—
4	PM_{10}	24 小时平均	35 μg/m³	25 μg/m³	—	—	任何日历年均不得超过 35 次
		年平均	28 μg/m³	20 μg/m³	—	—	—
5	$PM_{2.5}$	年平均	17 μg/m³	12 μg/m³	—	—	—
6	Pb	年平均	0.35 μg/m³	0.25 μg/m³	—	—	—
7	苯	年平均	3.5 μg/m³	2 μg/m³	—	—	—
8	CO	8 小时平均	7 mg/m³	5 mg/m³	—	—	—

参考文献

[1] Amtsblattdes Großherzogtums Luxemburg. Memorial Journal Officieldu Grand-Duché de Luxembourg A35[EB/OL]. (1976-07-01)[2020-08-10]. http://data.legilux.public.lu/eli/etat/leg/loi/1976/06/21/n1/jo.

[2] Amtsblattdes Großherzogtums Luxemburg. Memorial Journal Officieldu Grand-Duché de Luxembourg A88[EB/OL]. (2011-05-10)[2020-08-10]. http://data.legilux.public.lu/eli/etat/leg/rgd/2011/04/29/n2/jo.

[3] Journal Officiel Du Grand-duché De Luxembourg. Règlement grand-ducal du 8 février 2017 modifiant le règlement grand-ducal modifié du 29 avril 2011portant application de la directive 2008/50/CE du Parlement européen et du Conseil du 21 mai 2008concernant la qualité de l' air ambiant et un air pur pour l' Europe. A203[EB/OL]. (2017-02-15)[2020-08-10]. http://data.legilux.public.lu/eli/etat/leg/rgd/2017/02/08/a203/jo.

（三十九）芬兰

1. 标准简介

1982 年，芬兰首次通过《空气保护法》（67/1982）。根据该法，内政部可发布防止空气污染的一般准则。1996 年，芬兰环境部制定《空气质量限值和阈值政府决议》（481/1996），规定了二氧化硫、二氧化氮、总悬浮颗粒物和铅 4 种空气污染物的限值以及臭氧的阈值。

此后，芬兰的空气质量标准经历了 6 次修订。2001 年，芬兰通过《关于空气质量的政府法令》（711/2001）废除法案（481/1996），删除总悬浮颗粒物指标；增设了 PM_{10}、一氧化碳、苯的污染物限值；增设二氧化硫和氮氧化物的保护植被和生态系统的限值、警报阈值；调整了数据统计有效性规定；修订了数据表示方法。2003 年，根据《环境保护法》（86/2000）第 11 条规定发布《地面臭氧政府法令》（783/2003），规定臭氧 2010 年目标值和长期臭氧目标值。2007 年，根据《环境保护法》（86/2000）第 11 条和第 16 条规定发布《关于空气中的砷、镉、镍和多环芳烃的政府法令》（164/2007），制定砷、镉、镍和苯并 [*a*] 芘的环境目标值。2011 年，根据《环境保护法》（86/2000）制定《空气质量政府法令》（38/2011）废除法案（711/2001 和 783/2003），增设 $PM_{2.5}$ 的污染物限值，调整监测地区和数据有效性规定，增设 $PM_{2.5}$ 和 NO_x 的评估限值。

2017 年 2 月，根据《环境保护法》（527/2014）制定《空气质量政府法令》（79/2017），修订了参考方法、数据验证等内容。同年 3 月，修订《关于空气中的砷、镉、镍和多环芳烃的政府法令》（113/2017），修订数据公开权限，开始向公众公开信息。

2. 现行标准主要内容

现行标准规定了污染物项目及浓度限值，空气质量评价上、下限和监测方法，臭氧的限值、目标值和长期目标值，PM_{10} 和 $PM_{2.5}$ 的暴露限值，空气质量监测区域，空气质量数据的公开信息等内容。

3. 现行标准保护对象

现行标准的环境保护对象分为两类：一类为植被保护和自然生态系统；另一类为公众健康，两类对象对应不同的浓度限值和监测区域。

4. 现行标准控制项目及限值

芬兰现行标准中规定了二氧化硫、二氧化氮、一氧化碳、铅、苯、PM_{10}、$PM_{2.5}$、臭氧、砷、镉、镍和苯并 [*a*] 芘等污染物的浓度限值、目标值和空气质量评价上、下限值。

表 3-96　芬兰环境空气污染物浓度限值

序号	污染物项目	平均时间	浓度限值	达标统计规定
1	SO_2	1 小时平均	350 μg/m³	每个日历年不得超过 24 次
		24 小时平均	125 μg/m³	每个日历年不得超过 3 次
2	NO_2	1 小时平均	200 μg/m³	每个日历年不得超过 18 次
		年平均	40 μg/m³	—
3	CO	8 小时平均	10 mg/m³	—
4	苯	年平均	5 μg/m³	—
5	Pb	年平均	0.5 μg/m³	—
6	PM_{10}	24 小时平均	50 μg/m³	每个日历年不得超过 35 次
		年平均	40 μg/m³	—
7	$PM_{2.5}$	年平均	25 μg/m³	—

表 3-97　芬兰其他空气污染物的目标值

序号	污染物项目	平均时间	目标值（CV）
1	砷	年平均	6 ng/m³
2	镉	年平均	5 ng/m³
3	镍	年平均	20 ng/m³
4	苯并 [*a*] 芘	年平均	1 ng/m³

注：1. 均为可吸入颗粒物中的质量浓度。

2. 苯并 [*a*] 芘是多环芳族化合物，用作致癌性标记。

表 3-98　芬兰其他空气污染物的浓度限值

序号	污染物项目	平均时间	浓度限值	
			评价上限	评价下限
1	砷	年平均	3.6 ng/m³	2.4 ng/m³
2	镉	年平均	3 ng/m³	2 ng/m³
3	镍	年平均	14 ng/m³	10 ng/m³
4	苯并 [*a*] 芘	年平均	0.6 ng/m³	0.4 ng/m³

表 3-99　芬兰 2010 年臭氧达标的目标值

序号	污染物项目	目标	平均时间	目标值（CV）	达标统计规定
1	O_3	保护人类健康	每日最高 8 小时平均值	120 μg/m^3	平均 3 年内每个日历年不超过 25 天
		植被保护	5—7 月	18 000 μg/（m^3·h）	—

参考文献

[1] Suomen tasavalta Helsingissä. Ilmasuojalaki 67/1982[EB/OL]. (1982-01-25)[2020-08-11]. https://www.finlex.fi/fi/laki/alkup/1982/198200673.

[2] Suomen tasavalta Helsingissä. Valtioneuvoston päätös ilmanlaadun raja-arvoista ja kynnysarvoista 481/1996[EB/OL]. (1996-06-19)[2020-08-11]. https://www.finlex.fi/fi/laki/alkup/1996/19960481.

[3] Suomen tasavalta Helsingissä. Valtioneuvoston asetus ilmanlaadusta 711/2001[EB/OL]. (2001-08-09)[2020-08-11]. https://www.finlex.fi/fi/laki/smur/2001/20010711.

[4] Suomen tasavalta Helsingissä. Valtioneuvoston asetus alailmakehän otsonista 783/2003[EB/OL]. (2003-09-04)[2020-08-11]. https://www.finlex.fi/fi/laki/smur/2003/20030783.

[5] Suomen tasavalta Helsingissä. Valtioneuvoston asetus ilmassa olevasta arseenista, kadmiumista, elohopeasta, nikkelistä ja polysyklisistä aromaattisista hiilivedyistä 164/2007[EB/OL]. (2007- 06- 02)[2020- 08- 11]. https:// www.finlex.fi/fi/laki/alkup/2007/20070164.

[6] Suomen tasavalta Helsingissä. Valtioneuvoston asetus ilmanlaadustatä 38/2011[EB/OL]. (2011-12-25)[2020-08-11]. https://www.finlex.fi/fi/laki/smur/2011/20110038.

[7] Suomen tasavalta Helsingissä. Valtioneuvoston asetus ilmanlaadustatä 79/2017[EB/OL]. (2017-02-10)[2020-08-11]. https://www.finlex.fi/fi/laki/ajantasa/2017/20170079.

[8] Suomen tasavalta Helsingissä. Valtioneuvoston asetus ilmassa olevasta arseenista, kadmiumista, elohopeasta, nikkelistä ja polysyklisistä aromaattisista hiilivedyistä 113/2017[EB/OL]. (2017-03-01)[2020-08-11].https://www.finlex.fi/fi/laki/alkup/2017/20170113.

（四十）捷克

1. 标准简介

1991 年，捷克通过了《防止空气污染法》（309/1991），并于 1992 年发布法令（41/1992）规定需要特殊空气保护的规定，并规定了二氧化硫、一氧化碳、臭氧等 3 种空气污染物的警报通知。

此后，捷克的空气质量标准经历了 4 次修订。1994 年，修订了《关于保护空气免受污染物污染的法案（空气保护法）》（211/1994）规定了法人和自然人保护环境空气免受人类活动污染污染物的权利和义务。2006 年，发布《政府空气质量监测和评估条例》（597/2006）纳入欧盟相关法规，并规范了对空气质量的监测和评估方式、排放限值、超标的允许率和容差限制、目标限值和选定污染物的长期目标。2008 年，发布《关于空气保护法的修订》（483/2008）增设了关于臭氧保护系统的内容。2012 年，发布《空气保护法》（201/2012）大幅调整法令内容，增设挥发性有机物的内容。

2. 现行标准主要内容

现行标准规定了污染物项目、平均时间及浓度限值、监测方法、空气监测区域、数据有效性和达标统计规定等内容。标准适用于全国范围内环境空气质量评价与管理。

3. 现行标准保护对象

现行标准的环境保护对象分为两类：一类为植被保护和自然生态系统；另一类为公众健康。

4. 现行标准控制项目及限值

捷克现行标准中规定了二氧化硫、二氧化氮、一氧化碳、铅、苯、PM_{10}、$PM_{2.5}$、臭氧、PM_{10} 中砷、镉、镍和苯并 [*a*] 芘等 12 种污染物保护公众健康和植被及生态系统两类对象的浓度限值。

表 3-100　保护公众健康的浓度限值

序号	污染物项目	平均时间	标准浓度限值	达标统计规定
1	SO_2	1 小时平均	350 μg/m³	每个日历年不得超过 24 次
		24 小时平均	125 μg/m³	每个日历年不得超过 3 次
2	NO_2	1 小时平均	200 μg/m³	每个日历年不得超过 18 次
		年平均	40 μg/m³	—
3	CO	8 小时平均	10 mg/m³	—
4	苯	年平均	5 μg/m³	—

续表

序号	污染物项目	平均时间	标准浓度限值	达标统计规定
5	PM_{10}	24 小时平均	50 μg/m³	每个日历年不得超过 35 次
		年平均	40 μg/m³	—
6	$PM_{2.5}$	年平均	25 μg/m³	—
7	Pb	年平均	0.5 μg/m³	—

表 3-101　保护生态系统和植被的浓度限值

序号	污染物项目	平均时间	标准浓度限值
1	SO_2	日历年和冬季（10 月 1 日—3 月 31 日）	20 μg/m³
2	NO_2*	年平均	30 μg/m³

注：*一氧化氮和二氧化氮的体积比（ppbv）的总和，以二氧化氮的质量浓度单位表示。

表 3-102　保护公众健康的 PM_{10} 含量限值

序号	污染物项目	平均时间	标准浓度限值
1	砷	年平均	6 ng/m³
2	镉	年平均	5 ng/m³
3	镍	年平均	20 ng/m³
4	苯并 [*a*] 芘	年平均	1 ng/m³

注：①浓度由可吸入颗粒物的质量浓度作为 1 个日历年的平均值确定。

②苯并 [*a*] 芘是多环芳族化合物，用作致癌性标记。

表 3-103　对流层臭氧的限值

序号	污染物项目	目标	平均时间	标准浓度限值	达标统计规定
1	O_3	保护人类健康	每日最高 8 小时平均值	120 μg/m³	平均 3 年内每个日历年不超过 25 天
		植被保护	5—7 月	18 000 μg/（m³ · h）	—

参考文献

[1] Ministerstva životního prostředí České republiky. Vyhláška č. 41/1992 Sb[EB/OL]. (1992-01-27)[2020-08-12]. https://www.zakonyprolidi.cz/cs/1992-41/zneni-19931118.

[2] Ministerstva životního prostředí České republiky. Zákon o ochran ě ovzduší před znečišťujícími látkami (zákon o ovzduší) 211/1994 Sb[EB/OL]. (1994-11-15)[2020-08-12]. https://www.zakonyprolidi.cz/cs/1994-211.

[3] Ministerstva životního prostředí České republiky. Nařízení vlády o sledování a vyhodnocování kvality ovzduší 597/2006 Sb[EB/OL]. (2006-12-31)[2020-08-12]. https:// www.zakonyprolidi.cz/cs/2006-597.

[4] Ministerstva životního prostředí České republiky. O ochran ě ovzduší a o zm ě n ě n ě kterých dalších zákonů (zákon o ochran ě ovzduší) 483/2008 Sb[EB/OL]. (2008-12-31)[2020-08-12]. https://www.zakonyprolidi.cz/cs/2008-483.

[5] Ministerstva životního prostředí České republiky. Zákon o ochran ě ovzduší 201/2012 Sb[EB/OL]. (2012-06-13)[2020-08-12]. https://www.zakonyprolidi.cz/cs/2012-201.

（四十一）爱尔兰

1. 标准简介

1987 年，爱尔兰通过《空气污染法》，并发布了《空气质量标准》（224/1987），规定了二氧化硫、二氧化氮、悬浮颗粒物、铅等 4 种空气污染物的质量浓度限值要求。

2002 年，爱尔兰发布《空气质量标准条例》（271/2002），增设了苯、一氧化碳、颗粒物（粒径≤10 μm）等空气污染物的浓度限值、评价限值，调整了数据统计的有效性规定和监测方法。2004 年，发布《环境空气中的臭氧》（53/2004）规定了臭氧的目标值。2011 年，爱尔兰发布《2011 年空气质量标准法规》（180/2011）将欧洲法令《关于环境空气中的砷、镉、汞、镍和多环芳烃的指令（2004/107/EC）》《欧洲环境空气质量和清洁空气的指令（2008/50/EC）》纳入爱尔兰立法中。

2. 现行标准主要内容

现行标准规定了污染物项目、空气质量评价限值和目标值、数据统计有效性的规定及达标统计等内容。标准适用于全国范围内环境空气质量评价与管理。

3. 现行标准保护对象

现行标准的环境保护对象分为两类：一类为植被保护和自然生态系统；另一类为公众健康。

4. 现行标准控制项目及限值

现行标准中规定了二氧化硫、二氧化氮、一氧化碳、铅、苯、PM_{10}、$PM_{2.5}$、臭氧等 8 种污染物保护公众健康、植被和自然生态系统的浓度限值。

表 3-104 保护公众健康和植被的评价上限值和下限值

序号	污染物项目	平均时间	标准浓度限值				达标统计规定
			公众健康		植被保护		
			评价上限	评价下限	评价上限	评价下限	
1	SO_2	24 小时平均	75 μg/m^3	50 μg/m^3	12 μg/m^3	8 μg/m^3	公众健康的限值：任何日历年均不得超过 3 次
2	NO_2	1 小时平均	140 μg/m^3	100 μg/m^3	—	—	任何日历年均不得超过 18 次
		年平均	32 μg/m^3	26 μg/m^3	—	—	—
3	NO_x	年平均	—	—	24 μg/m^3	19.5 μg/m^3	—
4	PM_{10}	24 小时平均	35 μg/m^3	25 μg/m^3	—	—	任何日历年均不得超过 35 次
		年平均	28 μg/m^3	20 μg/m^3	—	—	—
5	$PM_{2.5}$	年平均	17 μg/m^3	12 μg/m^3	—	—	—
6	Pb	年平均	0.35 μg/m^3	0.25 μg/m^3	—	—	—
7	苯	年平均	3.5 μg/m^3	2 μg/m^3	—	—	—
8	CO	8 小时平均	7 mg/m^3	5 mg/m^3	—	—	—

表 3-105　保护公众健康的浓度限值

序号	污染物项目	平均时间	浓度限值	达标统计规定
1	SO_2	1 小时平均	350 μg/m^3	每个日历年不得超过 24 次
		24 小时平均	125 μg/m^3	每个日历年不得超过 3 次
2	NO_2	1 小时平均	200 μg/m^3	每个日历年不得超过 18 次
		年平均	40 μg/m^3	—
3	苯	年平均	5 μg/m^3	—
4	CO	8 小时平均	10 mg/m^3	—
5	Pb	年平均	0.5 μg/m^3	—
6	PM_{10}	24 小时平均	50 μg/m^3	每个日历年不得超过 35 次
		年平均	40 μg/m^3	—

表 3-106　2010 年对流层臭氧的目标值

序号	污染物项目	目标	平均时间	目标值	达标统计规定
1	O_3	保护人类健康	每日最高 8 小时平均值	120 μg/m^3	平均 3 年内每个日历年不超过 25 天
		植被保护	5—7 月	18 000 μg/（m^3・h）	—

参考文献

[1] Government of Ireland. Air Quality Standards Regulations 224/1987 [EB/OL].(1987-10-01) [2020-08-14]. http://www.irishstatutebook.ie/eli/1987/si/244/made/en/print.

[2] Government of Ireland. Air Quality Standards Regulations 2002 271/2002[EB/OL].(2002-06-05) [2020-08-14]. http://www.irishstatutebook.ie/eli/2002/si/271/made/en/print.

[3] Government of Ireland. Ozone in Ambient Air Regulations 2004 53/2004[EB/OL].(2004- 02-16) [2020-08-14]. http://www.legislation.ie/eli/2004/si/53/made/en/print.

[4] Government of Ireland. Air Quality Standards Regulations 2011 180/2011[EB/OL].(2004- 02-16) [2020-08-14]. http://www.irishstatutebook.ie/eli/2011/si/180/made/en/print.

（四十二）奥地利

1. 标准简介

1997 年，奥地利通过《空气污染控制法》（115/1997），规定了二氧化硫、一氧化碳、颗粒物、颗粒物中的铅、苯等空气污染物的环境空气质量限值；还规定了保护人类健康扬尘，扬尘中的铅、镉等 3 种污染物的沉降值。

2001 年，通过《空气污染控制法》修订案（62/2001），增设二氧化硫的警报阈值；调整悬浮颗粒物为空气动力学粒径≤10 μm 的颗粒物。2006 年，《空气排放保护法（2005 年环境法适应法）的联邦法》（34/2006），增设了砷、镉、镍和多环芳烃的目标值。2017 年，发布新的《空气污染控制法》（58/2017），增设砷、镉、镍和多环芳烃的年均值，增设二氧化硫、二氧化氮的有效半小时值。

2. 现行标准主要内容

现行标准规定了污染物项目，空气质量评价限值和目标值，数据统计有效性的规定及达标统计等内容。标准适用于全国范围内环境空气质量评价与管理。

3. 现行标准控制项目及限值

现行标准中规定了二氧化硫、二氧化氮、一氧化碳、铅、苯、PM_{10}，以及 PM_{10} 中砷、镉、镍和苯并 [a] 芘等 10 种保护公众健康、植被及自然生态系统的两类浓度限值。

表 3-107　保护公众健康的浓度限值

序号	污染物项目	平均时间	标准浓度限值	达标统计规定
1	SO_2	0.5 小时平均	200 μg/m³	每天 3 个 0.5 小时平均值，但不超过 350 μg/ m³ 浓度的每个日历年最多 48 个 0.5 小时平均值
		24 小时平均	120 μg/m³	—
2	CO	8 小时平均	10 mg/m³	—

续表

序号	污染物项目	平均时间	标准浓度限值	达标统计规定
3	NO_2	0.5 小时平均	200 μg/m³	—
		年平均	30 μg/m³	自 2012 年开始不可超过限值
4	PM_{10}	24 小时平均	50 μg/m³	—
		年平均	40 μg/m³	—
5	PM_{10} 中的铅	年平均	0.5 μg/m³	—
6	苯	年平均	5 μg/m³	—
7	砷	年平均	6 ng/m³	—
8	镉	年平均	5 ng/m³	—
9	镍	年平均	20 ng/m³	—
10	苯并 [*a*] 芘	年平均	1 ng/m³	—

参考文献

[1] Für Die Republik Österreich. Änderung des Immissionsschutzgesetzes – Luft[EB/OL]. (2017-04-25)[2020-08-19]. https://www.ris.bka.gv.at/Dokumente/BgblAuth/BGBLA_2017_ I_58/BGBLA_2017_I_58.html.

（四十三）乌克兰

1. 标准简介

1992 年，乌克兰通过《空气保护法》（N50）决定制定大气生态安全标准，即环境空气污染物最大允许浓度限值。1999 年，乌克兰通过《关于乌克兰水文气象委员会的规定》（766/99），并发布了《关于组织在大气保护领域进行监督的命令的声明》（N 343）规定了包括常见的粉尘、二氧化硫、一氧化碳、二氧化氮、铅及其无机化合物（以铅计）、苯并 [*a*] 芘、甲醛、放射性物质等空气污染物；还包括氨、苯胺、苯、氯化氢、氰化氢、乙苯、铁及其化合物（以铁计）、镉及其化合物（以镉计）、硝酸、硫酸、二甲苯、锰及其化合物（以二氧化锰计）、铜及其化合物（以铜计）、砷及其化合物（以砷计）、镍及其化合物（以镍计）、臭氧、一氧化氮、汞及其化合物（以汞计）、煤烟、硫化氢、二氧化碳、甲苯、苯酚、氟化氢、氯气、氯苯胺、铬及其化合物（以铬计）、锌及其化合物（以锌计）、放射性物质等 29 种监测污染物。

2018 年，乌克兰批准《监测空气中砷、镉、汞、镍和多环芳烃含量的程序》（N 154），规定了 PM_{10} 中砷、镉、镍和苯并 [*a*] 芘的目标值和污染水平的上下限值。2019 年，发布的《空气保护领域状态监控的一些问题》（N 827）规定了二氧化硫、二氧化氮、PM_{10}、$PM_{2.5}$、臭氧、一氧化碳、砷、镉、镍和苯并 [*a*] 芘的污染物限值、目标值。

2. 现行标准主要内容

现行标准规定了污染物项目、空气质量评价限值和目标值、数据统计有效性的规定及达标统计等内容。标准适用于全国范围内环境空气质量评价与管理。

3. 现行标准保护对象

现行标准的环境保护对象分为两类：一类为植被保护和自然生态系统；另一类为公众健康。

4. 现行标准控制项目及限值

现行标准中规定了二氧化硫、二氧化氮、一氧化碳、铅、苯、PM_{10}、$PM_{2.5}$、臭氧等 8 种污染物的浓度限值。

表 3-108　环境空气质量评价上限值和下限值

序号	污染物项目	平均时间	标准浓度限值				达标统计规定
			公众健康		植被与自然生态系统		
			评价上限	评价下限	评价上限	评价下限	
1	SO_2	24 小时平均	75 μg/m³	50 μg/m³	12 μg/m³	8 μg/m³	人体健康的限值：任何日历年均不得超过 3 次

续表

序号	污染物项目	平均时间	标准浓度限值				达标统计规定
			公众健康		植被与自然生态系统		
			评价上限	评价下限	评价上限	评价下限	
2	NO_2	1 小时平均	140 μg/m^3	100 μg/m^3	—	—	任何日历年均不得超过 18 次
		年平均	32 μg/m^3	26 μg/m^3	—	—	—
3	NO_x	年平均	—	—	24 μg/m^3	19.5 μg/m^3	—
4	PM_{10}	24 小时平均	35 μg/m^3	25 μg/m^3	—	—	任何日历年均不得超过 35 次
		年平均	28 μg/m^3	20 μg/m^3	—	—	—
5	$PM_{2.5}$	年平均	17 μg/m^3	12 μg/m^3	—	—	—
6	Pb	年平均	0.35 μg/m^3	0.25 μg/m^3	—	—	—
7	苯	年平均	3.5 μg/m^3	2 μg/m^3	—	—	—
8	CO	8 小时平均	7 mg/m^3	5 mg/m^3	—	—	—
9	砷	年平均	3.6 ng/m^3	2.4 ng/m^3	—	—	—
10	镉	年平均	3 ng/m^3	2 ng/m^3	—	—	—
11	镍	年平均	14 ng/m^3	10 ng/m^3	—	—	—
12	苯并 [*a*] 芘	年平均	0.6 ng/m^3	0.4 ng/m^3	—	—	—

表 3-109　环境空气质量标准限值

序号	污染物项目	平均时间	浓度限值	达标统计规定
1	SO_2	1 小时平均	350 μg/m^3	每个日历年不得超过 24 次
		24 小时平均	125 μg/m^3	每个日历年不得超过 3 次
2	NO_2	1 小时平均	200 μg/m^3	每个日历年不得超过 18 次
		年平均	40 μg/m^3	—

续表

序号	污染物项目	平均时间	浓度限值	达标统计规定
3	苯	年平均	5 $\mu g/m^3$	—
4	CO	8 小时平均	10 mg/m^3	—
5	Pb	年平均	0.5 $\mu g/m^3$	—
6	PM_{10}	24 小时平均	50 $\mu g/m^3$	每个日历年不得超过 35 次
		年平均	40 $\mu g/m^3$	—
7	$PM_{2.5}$	年平均	25 $\mu g/m^3$	第 1 阶段
		年平均	20 $\mu g/m^3$	第 2 阶段 （达到第 1 阶段的值后应用）

表 3-110　污染物目标值、长期目标值、危险值、信息发布值、临界水平限值

序号	评估等级	污染物项目	平均时间	评估目的	限值	达标统计规定
1	目标值	砷	年平均	—	6 ng/m^3	—
2		镉	年平均	—	5 ng/m^3	—
3		镍	年平均	—	20 ng/m^3	—
4		苯并 [*a*] 芘	年平均	—	1 ng/m^3	—
5		$PM_{2.5}$	年平均	—	25 $\mu g/m^3$	—
6		O_3	每日最高 8 小时平均值	保护人类健康	120 $\mu g/m^3$	平均 3 年内每个日历年不超过 25 天
			5—7 月	植被保护	18 000 $\mu g/(m^3 \cdot h)$	—
7	长期目标	O_3	每日最高 8 小时平均值	保护人类健康	120 $\mu g/m^3$	—
			5—7 月	植被保护	6 000 $\mu g/(m^3 \cdot h)$	—

续表

序号	评估等级	污染物项目	平均时间	评估目的	限值	达标统计规定
8	危险值	SO_2	连续 3 小时	—	500 μg/m^3	—
9		NO_2	连续 3 小时	—	400 μg/m^3	—
10		O_3	连续 3 小时	—	240 μg/m^3	必须连续 3 小时测量或预测超出阈值
11	信息发布阈值	O_3	连续 3 小时	通知公众	180 μg/m^3	必须连续 3 小时测量或预测超出阈值
12	临界水平	SO_2	冬季（10 月 1 日—3 月 31 日）	植被保护	20 μg/m^3	—
13		NO_2	年均值		30 μg/m^3	—

参考文献

[1] ЗАКОН УКРАЇНИ. Про охорону атмосферного повітря[EB/OL]. (1992-11-17)[2020- 08-15]. https://ips.ligazakon.net/document/view/t270700?an=1&ed=1995_02_28.

[2] КАБІНЕТ МІНІСТРІВ УКРАЇНИ. Про затвердження Порядку організації та проведення моніторингу в галузі охорони атмосферного повітря[EB/OL]. (1999-03-09)[2020-08-15]. https://zakon.rada.gov.ua/laws/show/343-99-%D0%BF#Text.

[3] КАБІНЕТ МІНІСТРІВ УКРАЇНИ. Про затвердження Порядку здійснення моніторингу за вмістом миш'яку，кадмію，ртуті，нікелю та поліциклічних ароматичних вуглеводнів в атмосферному повітрі[EB/OL]. (2018-02-28)[2020-08-15]. https://zakon. rada.gov.ua/laws/show/z0351-18/conv#n82.

[4] КАБІНЕТ МІНІСТРІВ УКРАЇНИ. Деякі питання здійснення державного моніторингу в галузі охорони атмосферного повітря[EB/OL]. (2019-08-14)[2020-08-15]. https://ips. ligazakon.net/document/view/KP190827?an=1&ed=0000_00_00.

（四十四）保加利亚

1. 标准简介

1996年，保加利亚《清洁空气法》要求制定空气质量标准和规范。1997年，发布《人口稠密地区大气中有害物质最大允许浓度的规范》规定了包括硝酸、丙烯醛、丙烯氰等166种大气有害物质的最大浓度。1999年，发布《关于二氧化硫、二氧化氮、细颗粒物和环境空气中铅的第9号条例》规定了二氧化硫、二氧化氮、PM_{10}、铅等4种环境污染物标准和评价条例。

2004年，发布《关于环境空气中苯和一氧化碳的标准》增设了苯、一氧化碳的空气质量标准。2007年，发布《关于大气中砷、镉、镍和多环芳烃的标准》建立了PM_{10}中砷、镉、镍和苯并[*a*]芘等4种污染物的环境质量标准。2010年，发布《关于大气中二氧化硫、二氧化氮、细颗粒物、铅、苯、氧化碳和臭氧的标准》增设了$PM_{2.5}$、臭氧空气污染物的浓度限值，并规定了评价限值。

2. 现行标准主要内容

现行标准规定了污染物项目及其限值，空气质量评价上下限值、目标值，部分污染物的警报阈值和信息阈值，数据统计有效性的规定、评价方法及达标统计等内容。标准适用于全国范围内环境空气质量评价与管理。

3. 现行标准保护对象

现行标准的环境保护对象分为两类：一类为植被保护和自然生态系统；另一类为公众健康保护。

4. 现行标准控制项目及限值

现行标准中规定了二氧化硫、二氧化氮、一氧化碳、铅、苯、PM_{10}、$PM_{2.5}$、臭氧等8种污染物的保护公众健康和植物的浓度限值，以及臭氧、二氧化硫、二氧化氮的信息阈值和警报阈值。

表 3-111 环境空气污染浓度限值

序号	污染物项目	平均时间	保护公众健康浓度限值	保护植被浓度限值	达标统计规定
1	SO_2	1 小时平均	350 μg/m³	—	每个日历年不得超过 24 次
		24 小时平均	125 μg/m³	—	每个日历年不得超过 3 次
		冬季（10 月 1 日—3 月 31 日）	—	20 μg/m³	—
2	NO_2	1 小时平均	200 μg/m³	—	每个日历年不得超过 18 次
		年平均	40 μg/m³	—	—
	NO_x	年平均	—	30 μg/m³	—
3	PM_{10}	24 小时平均	50 μg/m³	—	每个日历年不得超过 35 次
		年平均	40 μg/m³	—	—
4	$PM_{2.5}$	年平均	25 μg/m³	—	第 1 阶段，2015.1.1
		年平均	20 μg/m³	—	第 2 阶段，2020.1.1
5	Pb	年平均	0.5 μg/m³	—	—
6	苯	年平均	5 μg/m³	—	—
7	CO	8 小时平均	10 mg/m³	—	—

表 3-112 二氧化硫和二氧化氮的警报阈值

序号	污染物项目	平均时间	警报阈值	超过规定
1	SO_2	连续 3 小时	500 μg/m³	不得超过
2	NO_2	连续 3 小时	400 μg/m³	不得超过

注：在代表至少 100 km² 或整个区域或人口聚集区域，连续 3 小时的空气质量的监测点进行监测，具体取决于代表最小的区域。

表 3-113 关于臭氧的规定

序号	污染物项目	目标	平均时间	目标值	达标统计规定
1	O_3	保护公众健康	每日最高 8 小时平均值	120 μg/m³	平均 3 年内每个日历年不得超过 25 天，达标日期：2010 年
		植被保护	5—7 月	18 000 μg/（m³ · h）	5 年均值，达标日期：2010 年

续表

序号	污染物项目	目标	平均时间	目标值	达标统计规定
1	O_3	保护公众健康	每日最高 8 小时平均值	120 μg/m^3	—
		植被保护	5—7 月	6 000 μg/（m^3・h）	—
		信息阈值	1 小时平均	180 μg/m^3	—
		警报阈值	1 小时平均	240 μg/m^3	—

表 3-114　环境空气质量评价上、下限值

<table>
<tr><th rowspan="3">序号</th><th rowspan="3">污染物项目</th><th rowspan="3">平均时间</th><th colspan="4">浓度限值</th><th rowspan="3">达标统计规定</th></tr>
<tr><th colspan="2">公众健康</th><th colspan="2">植被保护</th></tr>
<tr><th>评价上限</th><th>评价下限</th><th>评价上限</th><th>评价下限</th></tr>
<tr><td>1</td><td>SO_2</td><td>24 小时平均</td><td>75 μg/m^3</td><td>50 μg/m^3</td><td>12 μg/m^3</td><td>8 μg/m^3</td><td>公众健康的限值：任何日历年均不得超过 3 次</td></tr>
<tr><td rowspan="2">2</td><td rowspan="2">NO_2</td><td>1 小时平均</td><td>140 μg/m^3</td><td>100 μg/m^3</td><td>—</td><td>—</td><td>任何日历年均不得超过 18 次</td></tr>
<tr><td>年平均</td><td>32 μg/m^3</td><td>26 μg/m^3</td><td>—</td><td>—</td><td>—</td></tr>
<tr><td>3</td><td>NO_x</td><td>年平均</td><td>—</td><td>—</td><td>24 μg/m^3</td><td>19.5 μg/m^3</td><td>—</td></tr>
<tr><td>4</td><td>Pb</td><td>年平均</td><td>0.35 μg/m^3</td><td>0.25 μg/m^3</td><td>—</td><td>—</td><td>—</td></tr>
<tr><td>5</td><td>苯</td><td>年平均</td><td>3.5 μg/m^3</td><td>2 μg/m^3</td><td>—</td><td>—</td><td>—</td></tr>
<tr><td>6</td><td>CO</td><td>8 小时平均</td><td>7 mg/m^3</td><td>5 mg/m^3</td><td>—</td><td>—</td><td>—</td></tr>
</table>

表 3-115　PM_{10} 中污染物含量的目标值

序号	污染物项目	平均时间	目标值
1	砷	年平均	6 ng/m^3
2	镉	年平均	5 ng/m^3
3	镍	年平均	20 ng/m^3
4	苯并 [*a*] 芘	年平均	1 ng/m^3

表 3-116　PM_{10} 中污染物的评估限值

序号	污染物项目	平均时间	标准浓度限值	
			评价上限	评价下限
1	砷	年平均	3.6 ng/m^3	2.4 ng/m^3
2	镉	年平均	3 ng/m^3	2 ng/m^3
3	镍	年平均	14 ng/m^3	10 ng/m^3
4	苯并 [*a*] 芘	年平均	0.6 ng/m^3	0.4 ng/m^3

参考文献

[1] Българско Правителство. Закон За Чистотата На Атмосферния Въздух[EB/OL]. (1996-06-29)[2020-08-17]. https://www.lex.bg/laws/ldoc/2133875712.

[2] Българско Правителство. За Норми За Пределно Допустимите Концентрации На Вредни Вещества в Атмосферния Въздух На Населените Места[EB/OL]. (1997-09-23)[2020-08-17]. extension: //bfdogplmndidlpjfhoijckpakkdjkkil/pdf/viewer.html?file=https%3A%2F%2Fwww.moew.government.bg%2Fstatic%2Fmedia%2Fups%2Ftiny% 2Ffile%2FAir%2FNaredbi_KAV%2FNaredba_14_normi_vazduh.pdf.

[3] Българско Правителство. Наредба № 9 От 3 Май 1999 г. За Норми За Серен Диоксид，Азотен Диоксид，Фини Прахови Частици и Олово в Атмосферния Въздух[EB/OL]. (1999-05-03)[2020-08-17]. https://www.lex.bg/bg/laws/ldoc/-549691902.

[4] Българско Правителство. Наредба № 1 от 16.01.2004 г. За Норми За Бензен и Въглероден Оксид в Атмосферния Въздух (ДВ бр. 14 от 20.02.2004 г.)[EB/OL]. (2004-02-14)[2020-08-17]. extension: //bfdogplmndidlpjfhoijckpakkdjkkil/pdf/viewer.html?file=http%3A%2F%2Fwww.sokolovskisenvironment.com%2Fimg%2Fpromo_files_promo_infoitem_29_32.pdf.

[5] Българско Правителство. Наредба No 11 от 14 Май 2007 г. За Норми За Арсен，Кадмий，Никел и Полициклични Ароматни Въглеводороди в Атмосферния Въздух[EB/OL]. (2007-05-29)[2020-08-17]. extension: //bfdogplmndidlpjfhoijckpakkdjkkil/pdf/ viewer.html?file=http%3A%2F%2Feea.government.bg%2Fbg%2Flegislation%2Fair%2FNared ba11_tejki_metali_V_2007.pdf.

[6] Българско Правителство. Наредба № 12 От 15 Юли 2010 г. За Норми За Серен Диоксид，Азотен Диоксид，Фини Прахови Частици，Олово，Бензен，Въглероден Оксид и Озон в Атмосферния Въздух[EB/OL]. (2010-07-30)[2020-08-17]. https://www. lex.bg/laws/ldoc/2135691821.

（四十五）西班牙

1. 标准简介

1972 年，西班牙通过《大气环境法令》（38/1972），要求制定环境空气质量标准和排放标准。1975 年，西班牙通过《保护大气环境法令》（833/1975），明确监测方法和监测区域，并规定监测二氧化硫、悬浮颗粒、氮氧化物、碳氢化合物和铅等 5 种空气污染物。2002 年，西班牙通过《关于评价和管理与二氧化硫、二氧化氮、氮氧化物、颗粒物、铅、苯和一氧化碳有关的环境空气质量法令》（1073/2002），规定了二氧化硫、二氧化氮、氮氧化物、颗粒物、铅、苯和一氧化碳等 7 种空气污染物的限值和评价限值。

此后，环境空气质量标准经历了 5 次修订。2004 年，发布《关于环境空气中臭氧的法令》（1796/2003）增设了臭氧的长期目标值、信息发布阈值和警报阈值。2007 年，发布《关于空气质量和大气保护法令》（34/2007），增设了 $PM_{2.5}$ 的目标值和评价限值，并调整完善了大气环境监测系统方案。2011 年，发布《关于改善空气质量法令》（102/2011）将欧盟指令 2008/50/EC 和 2 指令 2004/107/EC 的内容转换为西班牙法律体系。2014 年，发布《关于改善空气质量法令》（678/2014），调整唯一的临时性条款中确立的硫化碳质量目标。2017 年，发布《关于改善空气质量法令》（39/2017），修订有关参考方法，数据验证和用于评价环境空气质量的监测点位的标准。

2. 现行标准主要内容

现行标准规定了污染物项目，空气质量评价限值和目标值，数据统计有效性的规定，监测方法及达标统计等内容。标准适用于全国范围内环境空气质量评价与管理。

3. 现行标准保护对象

现行标准的环境保护对象分为两类：一类为植物保护和自然生态系统；另一类为公众健康。

4. 现行标准控制项目及限值

现行标准中规定了二氧化硫、二氧化氮、一氧化碳、铅、苯、PM_{10}、$PM_{2.5}$、臭氧、砷、镉、汞、镍和多环芳烃等 12 种污染物的保护公众健康和植被的浓度限值，以及信息发布阈值、警报阈值。

表 3-117　基于不同目标的空气污染限值

序号	污染物项目	值类型	计算方式	标准浓度限值	达标统计规定
1	O_3	健康保护目标	每天最大 8 小时平均值	120 μg/m^3	平均 3 年内每个日历年不超过 25 天，达标日期：2010 年 1 月
		植被保护目标	AOT40（5—7 月）	18 000 μg/（m^3·h）	5 年平均值，达标日期：2010 年 1 月
		长期健康保护目标	日历年中每天最大 8 小时的最大值	120 μg/m^3	—
		长期植被保护目标	AOT40（5—7 月）	6 000 μg/（m^3·h）	—
		信息阈值	1 小时平均	180 μg/m^3	连续 3 小时
		警报阈值	1 小时平均	240 μg/m^3	连续 3 小时
2	SO_2	限值	1 小时平均	350 μg/m^3	每个日历年不得超过 24 次
		限值	日均	125 μg/m^3	每个日历年不得超过 3 次
		警报阈值	1 小时平均	500 μg/m^3	连续 3 小时
		植被保护的临界水平	年度和冬季平均值（10 月 1 日—3 月 31 日）	20 μg/m^3	—
3	NO_2	限值	1 小时平均	200 μg/m^3	每个日历年不得超过 18 次
		限值	年平均	40 μg/m^3	—
		警报阈值	1 小时平均	400 μg/m^3	连续 3 小时
		植被的临界水平保护	年平均	30 μg/m^3（NO_x）	—
4	苯	极限值	年平均	5 μg/m^3	—
5	CO	极限值	每天最多移动 8 小时平均值	10 mg/m^3	—
6	Pb	极限值	年平均	0.5 μg/m^3	—

续表

序号	污染物项目	值类型	计算方式	标准浓度限值	达标统计规定
7	PM_{10}	极限值	日均	50 μg/m³	任何日历年均不得超过35次
		极限值	年平均	40 μg/m³	—
8	$PM_{2.5}$	目标值	年平均	25 μg/m³	—
		极限值	年平均	25 μg/m³	达标日期：2015年1月
		极限值	年平均	20 μg/m³	达标日期：2020年1月

表 3-118　空气质量评价上、下限值

序号	污染物项目	平均时间	标准浓度限值				达标统计规定
			公众健康		植被保护		
			评价上限	评价下限	评价上限	评价下限	
1	SO_2	24小时平均	75 μg/m³	50 μg/m³	12 μg/m³	8 μg/m³	公众健康的限值：任何日历年均不得超过3次
2	NO_2	1小时平均	140 μg/m³	100 μg/m³	—	—	任何日历年均不得超过18次
		年平均	32 μg/m³	26 μg/m³	—	—	—
3	NO_x	年平均	—	—	24 μg/m³	19.5 μg/m³	—
4	PM_{10}	24小时平均	35 μg/m³	25 μg/m³	—	—	任何日历年均不得超过35次
		年平均	28 μg/m³	20 μg/m³	—	—	—
5	$PM_{2.5}$	年平均	17 μg/m³	12 μg/m³	—	—	—
6	Pb	年平均	0.35 μg/m³	0.25 μg/m³	—	—	—
7	苯	年平均	3.5 μg/m³	2 μg/m³	—	—	—
8	CO	8小时平均	7 mg/m³	5 mg/m³	—	—	—
9	砷	年平均	3.6 ng/m³	2.4 ng/m³	—	—	—
10	镉	年平均	3 ng/m³	2 ng/m³	—	—	—

续表

序号	污染物项目	平均时间	标准浓度限值				达标统计规定
			公众健康		植被保护		
			评价上限	评价下限	评价上限	评价下限	
11	镍	年平均	14 ng/m^3	10 ng/m^3	—	—	—
12	苯并[a]芘	年平均	0.6 ng/m^3	0.4 ng/m^3	—	—	—

表 3-119　西班牙 PM_{10} 中污染物含量的目标值

序号	污染物项目	平均时间	目标值	达标统计规定
1	砷	年平均	6 ng/m^3	—
2	镉	年平均	5 ng/m^3	—
3	镍	年平均	20 ng/m^3	—
4	苯并 [a] 芘	年平均	1 ng/m^3	—

表 3-120　西班牙其他空气污染物限值

序号	污染物项目	平均时间	标准浓度限值	达标统计规定
1	分子氯	30 分钟平均	300 μg/m^3	不得超过
		24 小时平均	50 μg/m^3	不得超过
2	氯化氢	30 分钟平均	300 μg/m^3	不得超过
		24 小时平均	50 μg/m^3	不得超过
3	氟化物	30 分钟平均	60 μg/m^3	不得超过
		24 小时平均	20 μg/m^3	不得超过
4	氟化氢	30 分钟平均	30 μg/m^3	不得超过
		24 小时平均	10 μg/m^3	不得超过
5	硫化氢	30 分钟平均	100 μg/m^3	不得超过
		24 小时平均	40 μg/m^3	不得超过
6	硫化碳	30 分钟平均	—	不得超过
		24 小时平均	70 μg/m^3	不得超过

参考文献

[1] Boletín Oficial del Estado. Ley 38/1972, de 22 de diciembre, de protección del ambiente atmosférico[EB/OL]. (1972-12-22)[2020-08-18]. https://www.boe.es/buscar/doc.php?id=BOE-A-1972-1885.

[2] Boletín Oficial del Estado. Decreto 833/1975, de 6 de febrero, por el que se desarrolla la Ley 38/1972, de 22 de diciembre, de protección del ambiente atmosférico[EB/OL]. (1975- 04-22)[2020-08-18]. https://www.boe.es/eli/es/d/1975/02/06/833/con.

[3] Boletín Oficial del Estado. Real Decreto 1073/2002, de 18 de octubre, sobre evaluación y gestión de la calidad del aire ambiente en relación con el dióxido de azufre, dióxido de nitrógeno, óxidos de nitrógeno, partículas, plomo, benceno y monóxido de carbono[EB/ OL]. (2002-10-30)[2020-08-18]. https://www.boe.es/eli/es/rd/2002/10/18/1073.

[4] Boletín Oficial del Estado. REAL DECRETO 1796/2003, de 26 de diciembre, relativo al ozono en el aire ambiente. - Boletín Oficial del Estado, de 13-01-2004[EB/OL]. (2004- 01-14)[2020-08-18]. https://www.iberley.es/legislacion/real-decreto-1796-2003-26- diciembre-relativo-ozono-aire-ambiente-739119.

[5] Boletín Oficial del Estado. Ley 34/2007, de 15 de noviembre, de calidad del aire y protección de la atmósfera[EB/OL]. (2007-11-17)[2020-08-18]. https://www.boe.es/eli/es/l/2007/11/15/34/con.

[6] Boletín Oficial del Estado. Real Decreto 102/2011, de 28 de enero, relativo a la mejora de la calidad del aire[EB/OL]. (2011-01-29)[2020-08-18]. https://www.boe.es/eli/es/rd/2011/01/28/102/con.

[7] Boletín Oficial del Estado. Real Decreto 678/2014, de 1 de agosto, por el que se modifica el Real Decreto 102/2011, de 28 de enero, relativo a la mejora de la calidad del aire[EB/ OL]. (2014-08-25)[2020-08-18]. https://www.boe.es/eli/es/rd/2014/08/01/678.

[8] Boletín Oficial del Estado. Real Decreto 39/2017, de 27 de enero, por el que se modifica el Real Decreto 102/2011, de 28 de enero, relativo a la mejora de la calidad del aire[EB/OL]. (2017-01-28)[2020-08-18]. https://www.boe.es/eli/es/rd/2017/01/27/39.

三、北美洲和大洋洲

（四十六）美国

1. 标准简介

1970 年，美国发布《清洁空气法》（修正案），首次在法律中要求制定《国家环境空气质量标准》（NAAQS）。1971 年 4 月，美国国家环境保护局首次发布了《国家环境空气质量标准》，规定了一氧化碳、二氧化氮、总悬浮颗粒物、光化学氧化剂（以 O_3 计）、碳氢化合物、二氧化硫等 6 种基准污染物对应不同级别的浓度限值。此后，美国对主要污染物标准进行了多次审议和修订；其中臭氧标准共计开展了 6 次周期审议，并进行了 4 次修订；$PM_{2.5}$ 开展了 3 次周期审议和 2 次修订。

2. 现行标准主要内容

现行美国《国家环境空气质量标准》（e-CFR Title 40 Chapter I Subchapter C Part 50）规定了标准适用范围、术语和定义、参比状态、污染物项目、平均时间、浓度限值、达标统计要求、监测方法等内容。

3. 现行标准保护对象

现行美国《国家环境空气质量标准》分一级（Primary）标准、二级（Secondary）标准两个级别，一级标准不一定严于二级标准，不同级别标准限值的制定基于保护对象不同。一级标准是为了保护公众健康，包括保护哮喘患者、儿童和老人等敏感人群的健康；二级标准是为了保护生态、社会物质财富，包括保护能见度、动物、农作物、植被和建筑物等。

4. 现行标准控制项目及限值

现行美国《国家环境空气质量标准》中规定了二氧化硫、PM_{10}、$PM_{2.5}$、臭氧、二氧化氮、一氧化碳和铅等 7 种基准污染物一级、二级限值标准（表 3-121）。现行标准可在全国范围内实施，但各州若出台空气质量标准，按当地标准实施。

表 3-121 美国国家环境空气质量标准

序号	污染物项目	平均时间	浓度限值				达标统计规定
			一级浓度限值	一级折算浓度限值	二级浓度限值	二级折算浓度限值	
1	CO	1 小时平均	35.0 ppm	40 mg/m^3	—	—	每年不得超过 1 次
		8 小时平均	9.0 ppm	10 mg/m^3	—	—	每年不得超过 1 次
2	Pb	3 个月滑动平均	0.15 μg/m^3	—	0.15 μg/m^3	—	不得超标

续表

序号	污染物项目	平均时间	浓度限值				达标统计规定
			一级浓度限值	一级折算浓度限值	二级浓度限值	二级折算浓度限值	
3	NO_2	1 小时平均	0.100 ppm	188 μg/m³	—	—	3 年内每年第 98 百分位数的日均值的 3 年均值不得超标
		年平均	0.053 ppm	100 μg/m³	0.053 ppm	100 μg/m³	—
4	O_3	日最大 8 小时平均	0.07 ppm	137 μg/m³	0.07 ppm	137 μg/m³	3 年内每年第四高日最大 8 小时平均浓度的 3 年均值不得超标
5	$PM_{2.5}$	年平均	12 μg/m³	—	15 μg/m³	—	3 年均值
		24 小时平均	35 μg/m³	—	35 μg/m³	—	3 年内每年第 98 百分位数的日均值的 3 年均值不得超标
6	PM_{10}	24 小时平均	150 μg/m³	—	150 μg/m³	—	3 年内每年不得超过 1 次
7	SO_2	1 小时平均	0.075 ppm	196 μg/m³	—	—	每年不得超过 1 次
		3 小时平均	—	—	0.5 ppm	1 308 μg/m³	3 年内每年第 99 百分位数的日均值的 3 年均值不得超标

注：1. 折算质量浓度限值按照大气温度 298.15 K，大气压力 1 013.25 hPa 折算。

2. 自 2005 年 6 月 15 日起，1 小时臭氧标准不再适用于相对于 8 小时臭氧标准指定的地区（除美国 10 个州的部分地区外，其他地区都包括在内）。

参考文献

[1] United States Environmental Protection Agency. National Ambient Air Quality Standards Table. [EB/OL].(2016-12-20) [2020-07-22]. https://www.epa.gov/criteria-air-pollutants/naaqs-table.

（四十七）美国加利福尼亚州

1. 标准简介

1959 年，美国加利福尼亚州（以下简称加州）颁布了《健康与安全法规》，要求州公共卫生部制定空气质量标准。同年，加州公共卫生部发布了首个州级《环境空气质量标准》（CAAQS），规定了总悬浮颗粒、光化学氧化剂、二氧化硫、二氧化氮和一氧化碳 5 个污染物项目。之后历经了 18 次修订（表 3-122）。

表 3-122 美国加州空气质量标准发展历程

序号	年份	具体内容
1	1955	1955 年，加州空气污染控制区建立了空气污染预警系统，以预防空气污染灾害发生，并设置了空气污染预警值，其中第一级别预警值为：臭氧（0.5 ppm）、NO_x（3 ppm）、SO_x（3 ppm）、CO（100 ppm）
2	1959	公共卫生部制定了首个州级 CAAQS，具体限值为：光化学氧化剂（0.15 ppm，1 小时）；SO_2（0.3 ppm，8 小时；1 ppm，1 小时）；CO（30 ppm，8 小时；120 ppm，1 小时）；NO_2（5 ppm，8 小时）；总悬浮颗粒（能见度＜3 英里）。标准中注释了暴露于臭氧、NO_2、碳氢化合物、铅、光化学气溶胶、硫酸和乙烯对公众健康和社会福利的影响。 标准中还指出空气中致癌物（如多环芳烃、砷、铬）的浓度应尽可能低
3	1962	对部分污染物项目进行了补充与修订：乙烯（0.1 ppm，8 小时 ；0.5 ppm，1 小时）；H_2S（0.1 ppm，1 小时）；NO_2（0.25 ppm，1 小时）
4	1967	加州空气资源委员会（California Air Resource Board，CARB）成立，后续的 CAAQS 由 CARB 制定
5	1969	CARB 对 CAAQS 进行修订与补充，修改了总悬浮颗粒、光化学氧化剂、SO_2、NO_2 和 CO 浓度限值：颗粒物（能见度＜10 英里）；总悬浮颗粒物（60μg/m^3，年均值；100 μg/m^3，24 小时）；光化学氧化剂（0.1 ppm，1 小时），SO_2（0.04 ppm，24 小时；0.5 ppm，1 小时）；NO_2（0.25 ppm，1 小时）；CO（20 ppm，8 小时）。补充 H_2S 限值：H_2S（0.03 ppm，1 小时）
6	1970	修改 CO 限值，增设铅限值：CO（10 ppm，12 小时；40 ppm，1 小时）；铅（1.5 μg/m^3，月均值）
7	1974	修改 SO_2 24 小时限值：SO_2（0.1 ppm，24 小时）；“光化学氧化剂”污染物项目名称更改为“O_3”

续表

序号	年份	具体内容
8	1975	修改 SO_2 24 小时限值：SO_2（0.04 ppm，24 小时）
9	1976	增设硫酸盐，修改 CO、能见度限值：硫酸盐（25 μg/m^3，24 小时）；CO（6 ppm，8 小时，仅适用于太浩湖地区）；能见度（不少于 30 英里）
10	1977	修改 SO_2 24 小时限值：SO_2（0.05 ppm，24 小时）
11	1978	增设氯乙烯限值：氯乙烯（0.01 ppm，24 小时）
12	1982	修改 CO 限值：CO（9 ppm，8 小时；20 ppm，1 小时）
13	1983	取消总悬浮颗粒物限值，增设 PM_{10} 限值（50 μg/m^3，24 小时；30μg/m^3，年几何平均值）
14	1984	修改 SO_2 1 小时限值：SO_2（0.25 ppm，1 小时）
15	1988	修改 O_3 1 小时限值：O_3（0.09 ppm，1 小时）；《加州清洁空气法》生效
16	1989	修改 CO 限值：一氧化碳（9 ppm，8 小时；20 ppm，1 小时）
17	1991	修改 SO_2 24 小时限值：SO_2（0.04 ppm，24 小时）
18	2002	增设 $PM_{2.5}$ 限值，修改 PM_{10} 限值：$PM_{2.5}$（12 μg/m^3，年均值）；PM_{10}（20 μg/m^3，年均值）
19	2005	增设 O_3 8 小时限值：O_3（0.070 ppm，8 小时）
20	2007	修改 NO_2 1 小时限值，增设 NO_2 年均值：NO_2（0.18 ppm，1 小时；0.030 ppm，年平均）

2. 现行标准主要内容

现行美国加州《环境空气质量标准》（CCR Title17 Division 3 Chapter 1 Subchapter 1.5）规定了标准的适用范围、污染物项目、平均时间、标准限值、区域评级（达标、未达标、不分类）规定、空气污染物区域传输识别、控制区域污染的要求、控制措施和技术、排放核算程序等内容。

3. 现行标准保护对象

现行美国加州《环境空气质量标准》中划分了北海岸管理区、旧金山湾管理区等 15 个空气管理区进行环境空气管理。标准没有进行功能区分类分级，但对特殊区域（太浩湖管理区）的部分污染物项目单独规定了限值。

4. 现行标准控制项目及限值

现行美国加州《环境空气质量标准》规定了臭氧、PM_{10}、$PM_{2.5}$、CO、NO_2、SO_2、铅、能见度、硫酸盐、硫化氢、氯乙烯 11 项污染物项目及标准限值（表 3-123），在全州范围内实施。

表 3-123　美国加州环境空气质量标准限值

序号	污染物项目	平均时间	原文浓度限值	折算浓度限值	达标统计规定
1	O_3	1 小时平均	0.09 ppm	177 μg/m³	不得超过
		8 小时平均	0.07 ppm	137 μg/m³	
2	PM_{10}	24 小时平均	50 μg/m³	—	不得超过
		年平均	20 μg/m³	—	
3	$PM_{2.5}$	年平均	12 μg/m³	—	不得超过
4	CO	1 小时平均	20.0 ppm	23 mg/m³	不得超过
		8 小时平均	9.0 ppm	10 mg/m³	
		8 小时平均（太浩湖）	6.0 ppm	7 mg/m³	每年不得超过多于 1 次
5	NO_2	1 小时平均	0.18 ppm	339 μg/m³	不得超过
		年平均	0.03 ppm	57 μg/m³	
6	SO_2	1 小时平均	0.25 ppm	654 μg/m³	不得超过
		24 小时平均	0.04 ppm	105 μg/m³	
7	Pb	30 天平均	1.5 μg/m³	—	不得超过
8	消光系数	8 小时平均	0.23 km⁻¹	—	全州范围内，不得超过
		8 小时平均（太浩湖）	0.07 km⁻¹	—	太浩湖地区，不得超过
9	硫酸盐	24 小时平均	25 μg/m³	—	不得相等或超过
10	硫化氢	1 小时平均	0.03 ppm	42 μg/m³	不得相等或超过
11	氯乙烯	24 小时平均	0.01 ppm	26 μg/m³	不得相等或超过

注：折算质量浓度限值按照大气温度 298.15 K，大气压力 1 013.25 hPa 折算。

参考文献

[1] Clarkson D, Middleton J T . The California Control Program for Motor Vehicle Created Air Pollution[J]. Journal of the Air Pollution Control Association, 1962, 12(1): 22-28.

[2] California Air Resources Board (CARB). History of California' s Ambient Air Quality Standards[EB/OL]. (2012-02-06)[2020-07-16]. https://ww2.arb.ca.gov/resources/documents/history-californias-ambient-air-quality-standards.

[3] California Air Resources Board (CARB). California Code of Regulations Title 17 Public Health Division 3 Air Resources Chapter 1. Air Resources Subchapter 1.5. Air Basins and Air Quality Standards [EB/OL]. (2008-02-19)[2020-07-17]. https://govt.westlaw.com/calregs/Document/I020618D0D60811DE88AEDDE29ED1DC0A?viewType=FullText&originationContext=documenttoc&transitionType=CategoryPageItem&contextData=(sc.Default).

（四十八）新西兰

1. 标准简介

1991 年，新西兰颁布《资源管理法》（1991）（Resource Management Act，RMA），其中第 43 条首次明确了由新西兰环境部制定国家环境标准。2004 年，新西兰发布《国家环境空气质量标准条例》（SR 2004/309），规定了一氧化碳、二氧化氮、臭氧、PM_{10}、二氧化硫等 5 种空气污染物的环境空气质量标准限值。

2011 年，新西兰发布《国家空气质量环境标准条例修正案》（SR 2011/103），加严了颗粒物（粒径≤10 μm）的标准限值。

2. 现行标准主要内容

现行标准规定了污染物项目、平均时间及浓度限值、监测方法、数据统计有效性的规定及达标统计等内容。标准适用于全国范围内环境空气质量评价与管理。

3. 现行标准控制项目及限值

现行新西兰环境空气质量标准中规定了一氧化碳、二氧化氮、臭氧、PM_{10}、二氧化硫等 5 个基本项目及标准限值（表 3-124），在全国范围内实施。

表 3-124　新西兰环境空气质量标准限值

序号	污染物项目	平均时间	标准浓度限值	达标统计规定
1	CO	8 小时平均	10 mg/m^3	12 个月内不得超过多于 1 次
2	NO_2	1 小时平均	200 μg/m^3	12 个月内不得超过多于 9 次
3	O_3	1 小时平均	150 μg/m^3	不得超过
4	PM_{10}	24 小时平均	50 μg/m^3	12 个月内不得超过多于 1 次
5	SO_2	1 小时平均	350 μg/m^3	12 个月内不得超过多于 9 次
		1 小时平均	570 μg/m^3	不得超过

参考文献

[1] Ministry for the Environment and the Ministry of Health. Ambient Air Quality Guidelines 2002 Update[EB/OL]. (2002)[2020-07-22]. https://environment.govt.nz/publications/ ambient-air-quality-guidelines-2002-update/.

[2] Ministry for the Environment. Resource Management (National Environmental Standards for Air Quality) Regulations 2004 : SR 2004/309[S]. New Zealand：authority of the New Zealand Government，2017.

[3] Ministry for the Environment. Developing the National Environmental Standards for Air Quality[EB/OL]. (2020-02-25)[2020-07-22]. https://www.mfe.govt.nz/air/air-regulations/national-environmental-standards-air-quality/developing-nes.

[4] Ministry for the Environment. Resource Management Act 1991[EB/OL]. (1991-07-22)[2020- 07-22]. https://www.legislation.govt.nz/act/public/1991/0069/latest/DLM230265.html.

（四十九）加拿大

1. 标准简介

1971 年，加拿大颁布《清洁空气法》，要求制定国家环境空气质量目标。1976 年，加拿大渔业与环境部制定了首个全国范围内《国家环境空气质量目标》（NAAQO），规定了二氧化硫、二氧化氮、悬浮颗粒物、一氧化碳和氧化剂（臭氧）5 个污染物项目。

1998 年，《加拿大环境保护法》（CEPA—1999）正式通过，成立了空气质量目标和指南工作组（WGAQOG），并修订了NAAQO。1999年，加拿大将《清洁空气法》纳入CEPA—1999中，同年WGAQOG修改了NAAQO，新增了PM_{10}、$PM_{2.5}$的目标值以及臭氧的健康有益的参考水平。

2000年，加拿大环境部根据1998年《加拿大环境协调协定》及《加拿大环境标准子协议》批准了《加拿大环境标准—$PM_{2.5}$和O_3》（CWS—$PM_{2.5}$和O_3）：$PM_{2.5}$24小时，为30 μg/m³；臭氧8小时浓度限值65 ppb，，并规定了达标统计方式和达标时间要求。

为避免NAAQO和CWS标准并行，2005年加拿大空气管理委员会（AMC），制定环境空气质量目标，解散WGAQOG。此后，由颗粒物/臭氧审查协调委员会负责向AMC提出有关将来修订PM和臭氧CWS的建议。2010年，加拿大环境部长理事会（CCME）建立综合空气管理系统（CAMS），并于2012年制定新的加拿大环境空气质量标准（CAAQS）：$PM_{2.5}$ 24小时浓度限值28 μg/m³；臭氧8小时浓度限值63 ppb，取代并且收严了CWS的$PM_{2.5}$和O_3标准。CCME分别于2016年、2017年针对二氧化硫和二氧化氮的制定了新的CAAQS标准，取代了NAAQO的SO_2和NO_2标准。

2. 现行标准主要内容

现行加拿大环境空气质量标准主要规定了污染物项目、平均时间及浓度限值、达标统计规定等内容。

3. 现行标准控制项目及限值

现行加拿大环境空气质量标准规定了污染物项目包括$PM_{2.5}$、臭氧、二氧化硫、二氧化氮等4种污染物，各污染物浓度限值见表3-125，在全国范围内实施。

表3-125　环境空气质量标准（加拿大）

序号	污染物项目	平均时间	2020年标准浓度限值	达标统计规定
1	$PM_{2.5}$	24小时平均	27 μg/m³	每日24小时平均浓度的第98百分位数的3年平均值
		年平均	8.8 μg/m³	所有1小时浓度的年平均值的3年平均值

续表

序号	污染物项目	平均时间	2020 年标准浓度限值	达标统计规定
2	O_3	8 小时平均	62 ppb（122 μg/m³）	每日最高 8 小时平均浓度的年度第 4 高的 3 年平均值
3	SO_2	1 小时平均	70 ppb（184 μg/m³）	每日最大 1 小时平均浓度的每年 99% 百分数的 3 年平均值
		年平均	5 ppb（15 μg/m³）	所有 1 小时平均浓度的单个日历年的算术平均值
4	NO_2	1 小时平均	60 ppb（113 μg/m³）	每日最大 1 小时平均浓度的年 98% 百分数的 3 年平均值
		年平均	17 ppb（2 μg/m³）	所有 1 小时平均浓度的单个日历年的算术平均值

注：折算质量浓度限值按照大气温度 298.15 K，大气压力 1 013.25 hPa 折算。

（五十）加拿大艾伯塔省

1. 标准简介

艾伯塔省坐落于加拿大西部，盛产石油和天然气，是加拿大最富裕的省份之一，经济支柱为石油开采加工和天然气产业。1971 年，艾伯塔省成立了加拿大首个环境部门，根据之后加拿大颁布《清洁空气法》中的《国家环境空气质量目标》（NAAQO）对环境空气质量进行管理。2001 年，艾伯塔省环境与公园管理局与艾伯塔省环境空气质量目标利益相关者咨询委员会（AAAQOSAC）合作，开始制定和审查环境空气质量目标。

2016 年，艾伯塔省根据《艾伯塔省环境保护和改善法案》（EPEA）开始制定《艾伯塔省环境空气质量目标和指南—2016》，随后更新了 2017 版，2018 版中将 $PM_{2.5}$ 24 小时改为 29 μg/m³ 。

2. 现行标准主要内容

现行《加拿大艾伯塔环境空气质量目标和指南》主要规定了污染物项目、平均时间及浓度限值、折算要求、浓度有效数字使用标准等内容。

3. 现行标准控制项目及限值

现行加拿大艾伯塔省环境空气质量目标规定了乙醛、乙酸、丙酮、

$PM_{2.5}$、臭氧、二氧化硫、二氧化氮等50个污染物项目，各污染物浓度限值见表3-126；此外，加拿大艾伯塔省环境空气质量准则中规定了降尘、$PM_{2.5}$、氟化物3项指标，并对不同区域有规定，以上目标和准则在全省范围内实施。

表3-126 环境空气质量目标（加拿大艾伯塔省）

序号	污染物项目	平均时间	体积浓度限值	折算后的质量浓度限值	达标统计规定
1	乙醛	1小时平均	50 ppb	90 μg/m³	—
2	乙酸	1小时平均	102 ppb	250 μg/m³	—
3	丙酮	1小时平均	2 400 ppb	5 900 μg/m³	—
4	丙烯醛	1小时平均	1.9 ppb	4.5 μg/m³	—
		24小时平均	0.17 ppb	0.40 μg/m³	—
5	丙烯酸	1小时平均	20 ppb	60 μg/m³	—
		年平均	0.34 ppb	1.0 μg/m³	—
6	丙烯腈	1小时平均	19 ppb	43 μg/m³	—
		年平均	0.9 ppb	2 μg/m³	—
7	氨	1小时平均	2 000 ppb	1 400 μg/m³	—
8	砷	1小时平均	—	0.1 μg/m³	—
		年平均	—	0.01 μg/m³	—
9	苯	1小时平均	9.0 ppb	30 μg/m³	—
		年平均	0.9 ppb	3 μg/m³	—
10	苯并[*a*]芘	年平均	2.9×10^{-5} ppb	0.30 ng/m³	—
11	二硫化碳	1小时平均	10 ppb	30 μg/m³	—
12	一氧化碳	1小时平均	13 000 ppb	15 000 μg/m³	—
		8小时平均	5 000 ppb	6 000 μg/m³	—
13	氯气	1小时平均	5.0 ppb	15 μg/m³	—
14	二氧化氯	1小时平均	1.0 ppb	2.8 μg/m³	—
15	铬	1小时平均	—	1 μg/m³	—
16	异丙苯	1小时平均	100 ppb	500 μg/m³	—
17	二甲醚	1小时平均	10 100 ppb	19 100 μg/m³	—

续表

序号	污染物项目	平均时间	体积浓度限值	折算后的质量浓度限值	达标统计规定
18	2-乙基己醇	1小时平均	110 ppb	600 μg/m³	—
19	乙苯	1小时平均	460 ppb	2 000 μg/m³	—
20	氯甲酸乙酯	1小时平均	0.13 ppb	0.57 μg/m³	—
21	乙烯	1小时平均	1 050 ppb	1 200 μg/m³	—
		3天平均	40 ppb	45 μg/m³	—
		年平均	26 ppb	30 μg/m³	—
22	环氧乙烷	1小时平均	8.0 ppb	15 μg/m³	—
23	甲醛	1小时平均	53 ppb	65 μg/m³	—
24	正己烷	1小时平均	5 960 ppb	21 000 μg/m³	—
		24小时平均	1 990 ppb	7 000 μg/m³	—
25	氯化氢	1小时平均	50 ppb	75 μg/m³	—
26	氟化氢	1小时平均	6.0 ppb	4.9 μg/m³	—
27	牧草中氟化物含量（以干重计）	30天平均	—	35 μg/g	—
		任意30天平均	—	80 μg/g	—
		连续2个月平均	—	60 μg/g	—
28	硫化氢	1小时平均	10 ppb	14 μg/m³	—
		24小时平均	3 ppb	4 μg/m³	—
29	异丙醇	1小时平均	3 190 ppb	7 850 μg/m³	—
30	铅	1小时平均	—	1.5 μg/m³	—
31	锰	1小时平均	—	2 μg/m³	—
		年平均	—	0.2 μg/m³	—
32	甲醇	1小时平均	2 000 ppb	2 600 μg/m³	—
33	亚甲基二异氰酸酯	1小时平均	0.050 ppb	0.51 μg/m³	—
34	乙胺	1小时平均	0.645 ppb	1.19 μg/m³	—
35	萘	年平均	—	3 μg/m³	—

续表

序号	污染物项目	平均时间	体积浓度限值	折算后的质量浓度限值	达标统计规定
36	镍	1 小时平均	—	6 μg/m^3	—
		年平均	—	0.05 μg/m^3	—
37	二氧化氮	1 小时平均	159 ppb	300 μg/m^3	—
		年平均	24 ppb	45 μg/m^3	—
38	臭氧（地面）	每天 1 小时最大值	76 ppb	150 μg/m^3	—
39	$PM_{2.5}$	24 小时平均	—	30 μg/m^3	—
40	TSP	24 小时平均	—	100 μg/m^3	—
		年度几何平均	—	60 μg/m^3	—
41	五氯酚	1 小时平均	0.44 ppb	5.0 μg/m^3	—
		年平均	0.04 ppb	0.5 μg/m^3	—
42	苯酚	1 小时平均	26 ppb	100 μg/m^3	—
43	光气	1 小时平均	1 ppb	4 μg/m^3	—
44	环氧丙烷	1 小时平均	200 ppb	480 μg/m^3	—
		年平均	13 ppb	30 μg/m^3	—
45	苯乙烯	1 小时平均	52.0 ppb	215 μg/m^3	—
46	二氧化硫	1 小时平均	172 ppb	450 μg/m^3	—
		24 小时平均	48 ppb	125 μg/m^3	—
		30 天平均	11 ppb	30 μg/m^3	—
		年平均	8.0 ppb	20 μg/m^3	—
47	硫酸	1 小时平均	2.5 ppb	10 μg/m^3	—
48	甲苯	1 小时平均	499 ppb	1 880 μg/m^3	—
		24 小时平均	106 ppb	400 μg/m^3	—
49	氯乙烯	1 小时平均	51 ppb	130 μg/m^3	—
50	二甲苯	1 小时平均	530 ppb	2 300 μg/m^3	—
		24 小时平均	161 ppb	700 μg/m^3	—

注：折算质量浓度限值按照大气温度 298.15 K，大气压力 1 013.25 hPa 折算。

表 3-127　环境空气质量准则加拿大艾伯塔省

序号	污染物项目	平均时间	浓度限制	生效时间	回溯时间
1	降尘	30 天	53 mg/100 cm^2	1975 年	—
		30 天	158 mg /100 cm^2		—
2	$PM_{2.5}$	1 小时	80 μg/m^3	2007 年	2018 年
3	水溶性氟化物	30 天	40 μg/100 cm^2	1976 年之前	—

注：原文提出：表 1 是对项目审查，表 2 是作为当地总体绩效指标。

参考文献

[1] Alberta Environment Air Policy Section.Air Management In Alberta standards[EB/OL]. (2009-01)[2020-07-17]. https://open.alberta.ca/publications/9780778580898.

[2] Government of Alberta.Alberta Ambient Air Quality Objectives and Guidelines Summary: AEP, Air Policy, 2016, No. 2.[S]. Alberta: Environment and Parks, 2019.

（五十一）多米尼加

1. 标准简介

2001 年，多米尼加环境和自然资源国务秘书处，根据已颁布的《环境与自然资源总法》，制定发布了《空气质量标准》（AR-CA-01），规定了总悬浮颗粒物、PM_{10}、二氧化硫、二氧化氮、臭氧、一氧化碳、非甲烷烃化合物和铅等 8 种污染物。

2003 年，多米尼加修订发布了《空气质量环保标准》（NA-Al-001-03 替代 AR-CA-01），增设了 $PM_{2.5}$ 24 小时浓度限值和年均值，并放宽了 SO_2 1 小时浓度限值。

2. 现行标准主要内容

多米尼加现行《空气质量环保标准》（NA-Al-001-03）规定了污染物项目、平均时间及浓度限值、监测方法、数据统计有效性的规定及空气污染等级划分等内容。标准适用于全国范围内环境空气质量评价与管理。

3. 现行标准控制项目及限值

多米尼加现行环境空气质量标准中规定了常规的总悬浮颗粒物、PM_{10}、$PM_{2.5}$、二氧化硫、二氧化氮、臭氧、一氧化碳、非甲烷碳氢化合物和铅等 9 个基本项目及标准限值（表 3-128），在全国范围内实施。

表 3-128　环境空气质量标准（多米尼加）

序号	污染物项目	平均时间	标准浓度限值	达标统计规定
1	TSP	年平均	80 μg/m³	不得超过
		24 小时平均	230 μg/m³	不得超过
2	PM_{10}	年平均	50 μg/m³	不得超过
		24 小时平均	150 μg/m³	不得超过
3	$PM_{2.5}$	年平均	15 μg/m³	不得超过
		24 小时平均	65 μg/m³	不得超过
4	SO_2	年平均	100 μg/m³	不得超过
		24 小时平均	150 μg/m³	不得超过
		1 小时平均	450 μg/m³	不得超过
5	NO_2	年平均	100 μg/m³	不得超过
		24 小时平均	300 μg/m³	不得超过
		1 小时平均	400 μg/m³	不得超过
6	O_3	8 小时平均	160 μg/m³	不得超过
		1 小时平均	250 μg/m³	不得超过
7	CO	8 小时平均	10 000 μg/m³	不得超过
		1 小时平均	40 000 μg/m³	不得超过
8	非甲烷碳氢化合物	3 小时平均	160 μg/m³	不得超过
9	Pb	季度平均	1.5 μg/m³	不得超过
		年平均	2.0 μg/m³	不得超过

注：原表空气质量浓度限值是在大气温度 298.15 K，大气压力 1 013.25 hPa 情况下。

参考文献

[1] Secretaría De Estado De Medio Ambiente y Recursos Naturales. Normas Ambientales De Calidad Del Aire Y Control De Emisiones AR-CA-01[S]. República Dominicana：Editora BÚHO, 2001.

[2] Secretaría De Estado De Medio Ambiente y Recursos Naturales. Normas Ambientales De Calidad Del Aire Y Control De Emisiones NA-AI-001-03[S]. República Dominicana：Editora BÚHO, 2003.

（五十二）巴拿马

1. 标准简介

2018 年，巴拿马环境司发布《环境空气质量标准》（2610-EAC-109），规定了 PM_{10}、二氧化硫、一氧化碳、二氧化氮、臭氧等 5 个基本项目。

2. 现行标准主要内容

巴拿马现行《环境空气质量标准》（2610-EAC-109）规定了污染物项目、平均时间及浓度限值、监测方法、数据统计有效性的规定等内容。标准适用于全国范围内环境空气质量评价。

3. 现行标准控制项目及限值

巴拿马现行《环境空气质量标准》中规定了常规的 PM_{10}、二氧化硫、一氧化碳、二氧化氮、臭氧等 5 个基本项目及标准限值（表 3-129），在全国范围内实施。

表 3-129　环境空气质量标准（巴拿马）

序号	污染物项目	平均时间	标准浓度限值	达标统计规定
1	PM_{10}	年平均	50 μg/m³	连续 3 年的算术平均值，不得超过
		24 小时平均	150 μg/m³	日历年中 24 小时浓度的第 98 百分位数，不得超过
2	SO_2	年平均	80 μg/m³	连续 3 年的算术平均值，不得超过
		24 小时平均	365 μg/m³	日历年中 24 小时浓度的第 99 百分位数，连续 3 年的算术平均值，不得超过
3	CO	8 小时平均	10 000 μg/m³	连续 3 年的算术平均值，不得超过
		1 小时平均	30 000 μg/m³	
4	NO_2	年平均	100 μg/m³	连续 3 年的算术平均值，不得超过
		24 小时平均	150 μg/m³	日历年中 24 小时浓度的第 99 百分位数，连续 3 年的算术平均值，不得超过
5	O_3	8 小时平均	150 μg/m³	日历年中每日 8 小时和 1 小时最大浓度的第 99 个百分位数的连续 3 年测量的算术平均值，不得超过
		1 小时平均	235 μg/m³	

注：原表空气质量标准浓度限值是在大气温度 298.15 K，大气压力 1 013.25 hPa 情况下。

参考文献

[1] Canel De Panamá.2610-EAC-109 Norma De Calidad Del Aire Ambiente [S]. Republica de Panama, 2018.

（五十三）墨西哥

1. 标准简介

1988 年，墨西哥颁布了《生态平衡与环境保护总法》（LGEEPA），要求制定《墨西哥官方标准》，规范环境空气质量标准。1994 年 1 月，墨西哥发布《墨西哥官方标准》（Normal Official Mexicana，NOM），规定了二氧化硫、二氧化氮、总悬浮颗粒物、PM_{10}、一氧化碳、臭氧和铅 7 种污染物。

此后，《墨西哥官方标准》（NOM）经历了 4 次修订。2005 年，取消总悬浮颗粒物标准，调整颗粒物（粒径≤10 μm）24 小时浓度限制和年均值；增设了颗粒物（粒径≤2.5 μm）24 小时浓度限制和年均值。2010 年，《墨西哥官方标准》（NOM-022-SSA1-2010）调整 SO_2 的 24 小时浓度限值和年均值。2014 年，《墨西哥官方标准》（NOM-025-SSA1-2014）加严颗粒物（粒径≤10 μm）和 24 小时浓度限制和年均值；调整颗粒物（粒径≤2.5 μm）24 小时浓度限制和年均值；《墨西哥官方标准》（NOM-025-SSA1-2014）修订 O_3 1 小时、8 小时的浓度限值。2019 年，《墨西哥官方标准》（NOM-022-SSA1-2019）再次加严 SO_2 的 24 小时浓度限值和年均值。

2. 现行标准主要内容

现行标准规定了污染物项目、平均时间及浓度限值、监测方法、数据统计的有效性规定及达标统计等内容。标准适用于全国范围内环境空气质量评价与管理。

3. 现行标准控制项目及限值

墨西哥现行环境空气质量标准中规定了常规的二氧化硫、一氧化碳、二氧化氮、臭氧、PM_{10}、$PM_{2.5}$ 和铅等 7 个基本项目及标准限值（表 3-130），在全国范围内实施。

表 3-130 环境空气质量标准（墨西哥）

序号	污染物项目	平均时间	标准浓度限值	折算浓度限值	达标统计规定
1	SO_2	年平均	0.075 ppm	197 μg/m^3	第 99 百分位数的连续 3 年的算术平均值作为小时平均值
		24 小时平均	0.040 ppm	105 μg/m^3	不得超过
2	CO	8 小时平均	11 ppm	12 595 μg/m^3	不得超过
3	NO_2	1 小时平均	0.210 ppm	395 μg/m^3	不得超过
4	O_3	1 小时平均	0.095 ppm	190 μg/m^3	不得超过
		8 小时平均	0.070 ppm	140 μg/m^3	不得超过
5	PM_{10}	24 小时平均	75 μg/m^3	75 μg/m^3	算术平均值，不得超过
		年平均	40 μg/m^3	40 μg/m^3	算术平均值，不得超过
6	$PM_{2.5}$	24 小时平均	45 μg/m^3	45μg/m^3	算术平均值，不得超过
		年平均	12 μg/m^3	12 μg/m^3	算术平均值，不得超过
7	Pb	3 个月平均	1.5 μg/m^3	1.5 μg/m^3	算术平均值，不得超过

注：折算质量浓度限值按照大气温度 298.15 K，大气压力 1 013.25 hPa 折算。

参考文献

[1] Salud ambiental. Norma Oficial Mexicana NOM-023-SSA1-1993[S]. México: Diario Oficial de la Federación, 1994.

[2] Salud ambiental. Norma Oficial Mexicana NOM-021-SSA1-1993[S]. México: Diario Oficial de la Federación, 1994.

[3] Salud ambiental. Norma Oficial Mexicana NOM-026-SSA1-1993[S]. México: Diario Oficial de la Federación, 1994.

[4] Salud ambiental. Norma Oficial Mexicana NOM-024-SSA1-1993[S]. México: Diario Oficial de la Federación, 1994.

[5] Salud ambiental. Modificacion A LA Norma Oficial Mexicana NOM-025-SSA1-199 [EB/OL]. (2005-09-26)[2020-07-19]. http://www.ordenjuridico.gob.mx/Federal/PE/APF/APC/SSA/Modificaciones/26092005(1).pdf.

[6] Salud ambiental. Norma Oficial Mexicana NOM-022-SSA1-2010[S]. México: Diario Oficial de la Federación, 2010.

[7] Salud ambiental. Norma Oficial Mexicana NOM-025-SSA1-2014[S]. México: Diario Oficial de la Federación, 2014.

[8] Salud ambiental. Norma Oficial Mexicana NOM-020-SSA1-2014[S]. México: Diario Oficial de la Federación, 2014.

[9] Salud ambiental. Norma Oficial Mexicana NOM-022-SSA1-2019[S]. México: Diario Oficial de la Federación, 2019.
[10] Gobierno de la ciudad de México. Monitoreo El monitoreo de la calidad del aire Normatividad[EB/OL]. (2020)[2020-07-19]. http://www.aire.cdmx.gob.mx/default.php?opc=%27ZaBhnml=%27&dc=Yw==.

（五十四）澳大利亚

1. 标准简介

1994 年，澳大利亚颁布《国家环境保护法》，成立国家环境保护委员会（NEPC），制定环境保护措施。1998 年，澳大利亚政府通过《国家环境空气质量保护措施》（NEPM-1998），制定了对各级政府具有法律约束力的空气质量标准。NEPM-1998 规定了一氧化碳、二氧化氮、光化学氧化剂（臭氧）、二氧化硫、铅和 PM_{10} 等 6 种空气污染物。

之后，澳大利亚《国家环境空气质量保护措施》（NEPM）经历了 2 次修订。2003 年，发布《国家环境空气质量保护措施》（NEPM-2003）纳入了 $PM_{2.5}$ 的咨询报告标准和目标（Advisory Reporting Standards and Goal）。2015 年，澳大利亚国家环境保护委员会（NEPC）批准了针对颗粒物的标准修改，补充 PM_{10} 年均值标准，增设 $PM_{2.5}$ 浓度限值的日均值、年均值标准，并确定了 $PM_{2.5}$ 2025 年的目标值。

2. 现行标准主要内容

现行标准规定了污染物项目、平均时间及浓度限值、监测方法、数据统计的有效性规定、达标统计和目标与标准评估等内容。标准适用于全国范围内环境空气质量评价与管理。

3. 现行标准控制项目及限值

澳大利亚现行环境空气质量标准中规定了常规的一氧化碳、二氧化氮、臭氧、二氧化硫、铅、PM_{10}、$PM_{2.5}$ 等 7 个基本项目及标准限值（表 3-131），在全国范围内实施。

表 3-131　国家空气质量标准（澳大利亚）

序号	污染物项目	平均时间	标准浓度限值	折算浓度限值	达标统计规定
1	CO	8 小时平均	9.0 ppm	10 307 μg/m³	每年不得超过多于 1 天
2	NO_2	1 小时平均	0.12 ppm	226 μg/m³	每年不得超过多于 1 天
		年均值	0.03 ppm	57 μg/m³	不得超过
3	O_3	1 小时平均	0.10 ppm	200 μg/m³	每年不得超过多于 1 天
		4 小时平均	0.08 ppm	160 μg/m³	每年不得超过多于 1 天
4	SO_2	1 小时平均	0.20 ppm	524 μg/m³	每年不得超过多于 1 天
		24 小时平均	0.08 ppm	210 μg/m³	每年不得超过多于 1 天
		年均值	0.02 ppm	53 μg/m³	不得超过
5	Pb	年均值	0.50 μg/m³	0.50 μg/m³	不得超过
6	PM_{10}	24 小时平均	50 μg/m³	50 μg/m³	—
		年均值	25 μg/m³	25 μg/m³	—
7	$PM_{2.5}$	24 小时平均	25 μg/m³	25 μg/m³	—
		年均值	8 μg/m³	8 μg/m³	—

注：折算质量浓度限值按照大气温度 298.15 K，大气压力 1 013.25 hPa 折算。

参考文献

[1] Canberra Attorney-General's Department. National Environment Protection (Ambient Air Quality) Measure[EB/OL]. (2003-07-07)[2020-07-23]. https://www.legislation.gov.au/Details/C2004H03935/.

[2] Australian Department of the Environment. Australian National Environment Protection (Ambient Air Quality) Measure[EB/OL]. (2016-02-25)[2020-07-23]. https://www.legislation.gov.au/Details/F2016C00215.

四、南美洲

（五十五）巴西

1. 标准简介

1976 年，巴西内政部颁布了首个《国家空气质量标准》，规定了二氧化硫、一氧化碳、颗粒物等 3 种污染物的环境空气质量标准限值。1989 年，巴西国家环境委员会制定了国家空气质量控制项目名录，1990 年对《国家空气质量标准》进行了修订，污染物项目增加了总悬浮颗粒物、烟尘、PM_{10}、二氧化硫、一氧化碳、二氧化氮、臭氧等 7 项。2018 年，巴西再次修订《国家空气质量标准》，增加了 $PM_{2.5}$、铅等 2 种污染物的空气质量标准限值，并要求国家和地区环境机构应每 3 年编写一份空气质量监测报告。

2. 现行标准主要内容

现行标准规定了标准制定的法律依据、标准分级、污染物项目、平均时间、过渡期空气质量标准目标值（PI-1、PI-2、PI-3）、空气质量标准限值、监测要求等内容。

3. 现行标准保护对象

在全国范围内执行空气质量标准，设定过渡期目标值 PI，分阶段实施；空气质量标准值 PF 与世界卫生组织 2005 年全球空气质量准则值一致。

4. 现行标准控制项目及限值

现行巴西空气质量标准规定了 TSP、烟尘、PM_{10}、$PM_{2.5}$、二氧化硫、一氧化碳、二氧化氮、臭氧、铅等 9 个基本项目及标准限值（表 3-132），在没有地方环境空气质量标准时执行。

表 3-132 环境空气污染物基本项目浓度限值

序号	污染物项目	平均时间	PI-1（人为干预水平）	PI-2（二级标准）	PI-3（一级标准）	标准浓度限值	达标判定
1	PM_{10}	24 小时	120 μg/m³	100 μg/m³	75 μg/m³	50 μg/m³	每年不得超过 1 次
		1 年①	40 μg/m³	35 μg/m³	30 μg/m³	20 μg/m³	—
2	$PM_{2.5}$	24 小时	60 μg/m³	50 μg/m³	37 μg/m³	25 μg/m³	每年不得超过 1 次
		1 年①	20 μg/m³	17 μg/m³	15 μg/m³	10 μg/m³	—
3	SO_2	24 小时	125 μg/m³	50 μg/m³	30 μg/m³	20 μg/m³	每年不得超过 1 次
		1 年①	40 μg/m³	30 μg/m³	20 μg/m³	—	—
4	NO_2	1 小时②	260 μg/m³	240 μg/m³	220 μg/m³	200 μg/m³	每年不得超过 1 次
		1 年①	60 μg/m³	50 μg/m³	45 μg/m³	40 μg/m³	—
5	O_3	8 小时③	140 μg/m³	130 μg/m³	120 μg/m³	100 μg/m³	每年不得超过 1 次
6	烟尘	24 小时	120 μg/m³	100 μg/m³	75 μg/m³	50 μg/m³	每年不得超过 1 次
		1 年①	40 μg/m³	35 μg/m³	30 μg/m³	20 μg/m³	—
7	CO	8 小时③	—	—	—	10 000 μg/m³	每年不得超过 1 次
		1 小时	—	—	—	40 000 μg/m³	
8	TSP	24 小时	—	—	—	240 μg/m³	每年不得超过 1 次
		1 年④	—	—	—	80 μg/m³	—
9	Pb⑤	1 年①	—	—	—	0.5 μg/m³	—

注：①折算质量浓度限值按照大气温度 298.15 K，大气压力 1 013.25 hPa 折算。

②年算术平均值。

③平均每小时。

④当日最高移动平均值。

⑤年几何平均值。

参考文献

[1] 中华人民共和国商务部 . 中巴商务外交部 [EB/OL]. [2022-10-01]. http://www.mofcom.gov.cn/dl/gbdqzn/ upload/baxi.pdf.

（五十六）特立尼达和多巴哥

1. 标准简介

特立尼达和多巴哥处于中美洲加勒比海南部，紧邻于委内瑞拉外海，总人口为 121.8 万人（2017 年），国内生产总值（GDP）为 203 亿美元（2017 年）。2001 年，特立尼达和多巴哥政府颁布了《环境管理法》，即《特立尼达和多巴哥共和国法律》第 35：05 章，用来作为可持续发展愿景的一部分，其中制定了空气污染许可证禁止空气污染。2014 年，特立尼达和多巴哥环境委员会颁布了《空气污染法则》，规定了总悬浮颗粒物、PM_{10}、$PM_{2.5}$、一氧化碳、二氧化氮、二氧化硫、臭氧、硫酸、硫化氢、氨气、全氟、盐酸、氯及其化合物、总石棉、镉及其化合物、汞及其化合物、锑及其化合物、铋及其化合物、铅等 19 个空气污染基本项目及标准限值。

2. 现行标准主要内容

现行标准规定了制定的法律依据、污染物项目、平均时间及浓度限值、环境空气质量容许限值、监测要求等内容。

3. 现行标准控制项目及限值

特立尼达和多巴哥现行空气质量标准规定了总悬浮颗粒物、PM_{10}、$PM_{2.5}$、一氧化碳、二氧化氮、二氧化硫、臭氧、硫酸、硫化氢、氨气、全氟、盐酸、氯及其化合物、总石棉、镉及其化合物、汞及其化合物、锑及其化合物、铋及其化合物、铅等 19 个基本项目及标准限值（表 3-133），在全国范围内实施。

表 3-133　环境空气质量标准限值（特立尼达和多巴哥）

序号	污染物项目	平均时间	浓度限值
1	TSP	24 小时	150 μg/m³
2	PM_{10}	24 小时	75 μg/m³
		1 年	50 μg/m³

续表

序号	污染物项目	平均时间	浓度限值
3	$PM_{2.5}$	24 小时	65 μg/m^3
		1 年	15 μg/m^3
4	CO	15 分钟	100 mg/m^3
		30 分钟	60 mg/m^3
		1 小时	30 mg/m^3
		8 小时	10 mg/m^3
5	NO_2	1 小时	200 μg/m^3
		1 年	40 μg/m^3
6	SO_2	10 分钟	500 μg/m^3
		24 小时	125 μg/m^3
		1 年	50 μg/m^3
7	O_3	8 小时	120 μg/m^3
8	H_2SO_4	30 分钟	100 μg/m^3
9	H_2S	30 分钟	30 μg/m^3
10	NH_3	30 分钟	3 600 μg/m^3
11	全氟	24 小时	1 μg/m^3
		3 个月	0.4 μg/m^3
12	HCl	30 分钟	100 μg/m^3
13	Cl 及其化合物	30 分钟	300 μg/m^3
14	总石棉	30 分钟	5 μg/m^3
15	Cd 及其化合物	30 分钟	5 μg/m^3
16	Hg 及其化合物	30 分钟	5 μg/m^3
17	Sb 及其化合物	30 分钟	75 μg/m^3
18	Be 及其化合物	24 小时	0.01 μg/m^3
19	Pb	3 个月	1.5 μg/m^3
		1 年	0.5 μg/m^3

参考文献

[1] 2000 年环境管理法 [EB/OL]. [2022-10-01]. http://www.ec.gov.tt/images/stories/2019pdf/legislation/The% 20Environmental%20Management%20Act%202000.pdf.
[2] 2014 空气污染法则 [EB/OL]. [2022-10-01]. http://www.ec.gov.tt/images/stories/2019-pdf/legislation/Air%20Pollution%20Rules.pdf.

（五十七）秘鲁

1. 标准简介

1999 年，为促进可持续发展，秘鲁卫生部通过要求制定国家环境质量标准的最高法令 044-98-PCM。2001 年，秘鲁第 074-2001-PCM 号最高法令确定了空气质量国家标准，并给出了二氧化硫、PM_{10}、一氧化碳、二氧化氮、臭氧、铅、硫化氢等 7 个空气污染基本项目的标准限值。2008 年，秘鲁设立了环境部并进一步完善环境保护立法，同时参考世界卫生组织全球空气质量准则，环境部通过法令第 003-2008-MINAM 号，制定新的二氧化硫的空气环境质量标准，增加了 $PM_{2.5}$、苯、碳氢化合物等 3 个空气污染基本项目的标准限值。2013 年，环境部颁布法令第 006-2013-MINAM 号对环境质量标准进行了补充完善。2017 年，环境部颁布了法令第 003-2017-MINAM 号，其中增加了汞的标准限值。

2. 现行标准主要内容

现行标准规定了制定的法律依据、污染物项目、平均时间、环境空气质量容许限值的标准的规定、监测要求等内容。

3. 现行标准控制项目及限值

现行秘鲁空气质量标准规定了苯、二氧化硫、二氧化氮、$PM_{2.5}$、PM_{10}、汞、一氧化碳、臭氧、铅、硫化氢等 10 个基本项目的浓度限值（表 3-134），在全国范围内实施。

表 3-134　环境空气质量标准限值（秘鲁）

序号	污染物项目	平均时间	浓度限值	达标统计规定
1	C_6H_6	1 年	2 μg/m^3	年算术平均
2	SO_2	24 小时	250 μg/m^3	每年不超过 7 次

续表

序号	污染物项目	平均时间	浓度限值	达标统计规定
3	NO_2	1 小时	200 μg/m³	1 年不超过 24 次
		1 年	100 μg/m³	年算术平均
4	$PM_{2.5}$	24 小时	50 μg/m³	每年不超过 7 次
		1 年	25 μg/m³	年算术平均
5	PM_{10}	24 小时	100 μg/m³	每年不超过 7 次
		1 年	50 μg/m³	年算术平均
6	Hg	24 小时	2 μg/m³	—
7	CO	1 小时	30 mg/m³	每年滑动算术平均值不超过 1 次
		8 小时	10 mg/m³	
8	O_3	8 小时	100 μg/m³	每日平均最大值 1 年不超过 24 次
9	Pb	1 月	1.5 μg/m³	—
		1 年	0.5 μg/m³	—
10	H_2S	24 小时	150 μg/m³	—

参考文献

[1] DECRETO SUPREMO N° 074-2001-PCM [EB/OL]. [2022-10-01]. http://www.digesa.minsa.gob.pe/norma_consulta/DS-074-2001-PCM.pdf.

[2] DECRETO SUPREMO N° 003 - 2008 - MINAM[EB/OL]. [2022-10-01]. https://cdn.www.gob.pe/uploads/document/file/398452/Decreto_Supremo_N__003-2008-MINAM20191021-22801-x8983r.pdf

[3] DECRETO SUPREMO Nº 006-2013-MINAM[EB/OL]. [2022-10-01]. https://cdn.www.gob.pe/uploads/document/file/385621/Decreto_Supremo_N__006-2013-MINAM20191013-25586-1pdahmm.pdf

[4] DECRETO SUPREMO Nº 003-2017-MINAM[EB/OL]. [2022-10-01]. https://cdn.www.gob.pe/uploads/document/file/12871/DS-003-2017-MINAM.pdf

（五十八）厄瓜多尔

1. 标准简介

2011 年，厄瓜多尔环境秘书处根据《环境管理法》的要求，颁布了《空气质量标准》，主要目的是保护公众健康、生态系统的总体福祉和整个生态环境，并适用于全国范围领土；标准明确了一氧化碳、臭氧、二氧化氮、二氧化硫、PM_{10}、$PM_{2.5}$ 等 6 个空气污染项目的标准限值。

2. 现行标准主要内容

现行标准规定了制定的法律依据、污染物项目、平均时间及浓度限值、环境空气质量容许限值、监测要求、空气质量标准等级划分、污染物浓度测定的方法和程序等内容。

3. 现行标准保护对象

在全国范围内执行空气质量标准，划分为 3 个等级：警告（Alerta）、警报（Alarma）、紧急情况。

警告（Alerta）：

①通过媒体通知公众空气污染达到了警告级别。

②在警告等级区域，限制车辆行驶及固定燃烧源的运行。

③最后可能限制固定燃烧源（如吹灰）的维护，或要求某些固定燃烧源不重新启动。

警报（Alarma）：

①通知公众空气污染达到了警报级别。

②在警报级别的区域，限制甚至禁止车辆行驶以及固定燃烧源的运行。

紧急情况：

①通知公众空气污染达到了紧急情况级别。

②禁止在确认的紧急情况区域内移动和停放车辆以及使用固定燃烧源。

③禁令可能扩展地区整个固定燃烧源以及机动车，由环境主管当局负责。

4. 现行标准控制项目及限值

现行厄瓜多尔空气质量标准规定了一氧化碳、臭氧、二氧化氮、二氧化硫、PM_{10}、$PM_{2.5}$ 等 6 个基本项目及标准限值（表 3-135），在全国范围内执行。

表 3-135　环境空气质量标准限值（厄瓜多尔）

序号	污染物项目	平均时间	警告（Alerta）浓度限值	警报（Alarma）浓度限值	紧急情况浓度限值
1	CO	8 小时	15 mg/m^3	30 mg/m^3	40 mg/m^3
2	O_3	8 小时	200 $\mu g/m^3$	400 $\mu g/m^3$	600 $\mu g/m^3$
3	NO_2	1 小时	1 mg/m^3	2 mg/m^3	3 mg/m^3

续表

序号	污染物项目	平均时间	警告（Alerta）浓度限值	警报（Alarma）浓度限值	紧急情况浓度限值
4	SO_2	24 小时	200 μg/m^3	1 000 μg/m^3	1 800 μg/m^3
5	PM_{10}	24 小时	250 μg/m^3	400 μg/m^3	500 μg/m^3
6	$PM_{2.5}$	24 小时	150 μg/m^3	250 μg/m^3	350 μg/m^3

注：折算质量浓度限值按照大气温度 298.15 K，大气压力 1 013.25 hPa 折算。

参考文献

[1] 厄瓜多尔空气质量标准 [EB/OL]. http://www.quitoambiente.gob.ec/ambiente/images/Secretaria_ Ambiente/red_monitoreo/informacion/norma_ecuato_calidad.pdf.

（五十九）委内瑞拉

1. 标准简介

1995 年，委内瑞拉社会主义生态和水利部颁布了《大气污染控制标准》法令，目的是改善空气质量和控制固定和移动源污染，规定了二氧化硫、总悬浮颗粒物、一氧化碳、二氧化氮、臭氧、硫化氢、铅、氟化氢、氟化物、氯化氢、氯化物等 11 个空气污染项目的标准限值。

2. 现行标准主要内容

现行标准规定了制定的法律依据、空气质量区域分类、污染物项目、平均时间、浓度限值、监测要求等内容。

3. 现行空气质量区域分类

在全国范围内执行空气质量标准，根据总悬浮颗粒物总浓度的范围，按年平均值计算，对区域进行以下分类（表 3-136）。

表 3-136　委内瑞拉空气质量区域分类

TSP/（μg/m^3）	区域
＜75	清洁空气
75～200	中度污染空气
201～300	高度污染空气
＞300	严重污染空气

4. 现行标准控制项目及限值

现行委内瑞拉空气质量标准规定了二氧化硫、总悬浮颗粒物、一氧化碳、二氧化氮、臭氧、硫化氢、铅、氟化氢、氟化物、氯化氢、氯化物等 11 个污染物项目的标准限值（表 3-137），在全国范围内执行。

表 3-137　环境空气质量标准限值（委内瑞拉）

序号	污染物项目	平均时间	浓度限值	达标统计规定（抽样期间的超标率）
1	SO_2	24 小时	80 μg/m³	50%
			200 μg/m³	5%
			250 μg/m³	2%
			365 μg/m³	0.5%
2	TSP	24 小时	75 μg/m³	50%
			150 μg/m³	5%
			200 μg/m³	2%
			260 μg/m³	0.5%
3	CO	8 小时	10 mg/m³	50%
			100 mg/m³	0.5%
4	NO_2	24 小时	100 μg/m³	50%
			300 μg/m³	5%
5	O_3	1 小时	240 μg/m³	0.02%
6	H_2S	24 小时	20 μg/m³	0.5%
7	Pb	24 小时	1.5 μg/m³	50%
			2 μg/m³	5%
8	HF	24 小时	10 μg/m³	2%
			20 μg/m³	0.5%
9	氟化物	24 小时	10 μg/m³	2%
			20 μg/m³	0.5%
10	HCl	24 小时	200 μg/m³	2%
11	氯化物	24 小时	200 μg/m³	2%

注：折算质量浓度限值按照大气温度 298.15 K，大气压力 1 013.25 hPa 折算。

（六十）哥斯达黎加

1. 标准简介

2016年，哥斯达黎加能源与环境部环境质量管理局颁布了《污染物空气质量标准条例》，规定了$PM_{2.5}$、PM_{10}、臭氧、一氧化碳、二氧化氮、二氧化硫等6项空气污染的标准限值，每5年更新1次本条例。

2. 现行标准主要内容

现行标准规定了制定的法律依据、标准分级、污染物项目、平均时间及浓度限值、监测要求等内容。

3. 现行标准保护对象

在全国范围内执行空气质量标准，设置二级空气质量标准。一级标准旨在保护包括儿童和敏感群体在内的公众健康。二级标准旨在防止能见度下降级对动物、作物、植被和基础设施造成损害。

4. 现行标准控制项目及限值

哥斯达黎加现行空气质量标准规定了$PM_{2.5}$、PM_{10}、臭氧、一氧化碳、二氧化氮、二氧化硫等6个基本项目及标准限值（表3-138），在全国范围内执行。

表3-138 环境空气质量标准限值（哥斯达黎加）

序号	污染物项目	平均时间	一级浓度限值	初级折算浓度限值	二级浓度限值	次级折算浓度限值	达标统计规定
1	$PM_{2.5}$	24小时	35 μg/m³	—	35 μg/m³	—	每年24小时平均第98个百分位数
		1年	15 μg/m³	—	15 μg/m³	—	—
2	PM_{10}	24小时	100 μg/m³	—	100 μg/m³	—	每年24小时平均第98个百分位数
		1年	30 μg/m³	—	40 μg/m³	—	—
3	O_3	1小时	0.1 ppm	0.2 mg/m³	0.1 ppm	0.2 mg/m³	—
		8小时	0.075 ppm	0.15 mg/m³	0.075 ppm	0.15 mg/m³	—

续表

序号	污染物项目	平均时间	一级浓度限值	初级折算浓度限值	二级浓度限值	次级折算浓度限值	达标统计规定
4	CO	1 小时	35 ppm	64 mg/m^3	—	—	—
		8 小时	9 ppm	16.5 mg/m^3	—	—	—
5	NO_2	1 小时	100 ppb	0.191 mg/m^3	—	—	—
		1 年	53 ppb	0.1 mg/m^3	53 ppb	0.1 mg/m^3	—
6	SO_2	1 小时	75 ppb	0.2 mg/m^3	—	—	—
		3 小时	—	—	500 ppb	1.33 mg/m^3	—

注：折算质量浓度限值按照大气温度 298.15 K，大气压力 1 013.25 hPa 折算。

参考文献

[1] Reglamento de Calidad del Aire para Contaminantes Criterio N ° 39951-S[EB/OL]. [2022-10-01]. http://www.digeca.go.cr/sites/default/files/reglamento_calidad_del_aire_contaminantes_criterio.pdf.

五、非洲

（六十一）南非

1. 标准简介

1965 年，南非颁布了《大气污染预防法案》，并分别于 1973 年、1981 年、1985 年进行了修订。2004 年，南非颁布了《国家环境管理：空气质量法》，同时废止了《大气污染预防法案》。《国家环境管理：空气质量法》中规定了规范政府进行空气质量监测、管理和控制的国家规范和标准，给出了臭氧、氮氧化物、二氧化氮、二氧化硫、铅、PM_{10}、总悬浮颗粒物 7 种污染物的空气质量标准限值。南非环境事务部分别于 2009 年、2012 年修订了《国家环境管理：空气质量法》，发布了《环境空气质量标准》。现行标准于 2012 年 6 月发布，删除了 NO_x、TSP 等 2 种空气污染物的限值，增加了一氧化碳、苯、$PM_{2.5}$ 等 3 种空气污染物的限值，并配合增加了这些污染物的达标统计规定。

2. 现行标准主要内容

现行标准规定了制定的法律依据、污染物项目、平均时间及浓度限值、达标统计规定、监测要求等内容。

3. 现行标准控制项目及限值

现行南非空气质量标准规定了二氧化硫、二氧化氮、PM_{10}、臭氧、苯、铅、一氧化碳、$PM_{2.5}$ 等 8 个污染物项目及标准限值（表 3-139），在全国范围内实施。

表 3-139　空气质量标准限值（南非）

序号	污染物项目	平均时间	浓度限值	达标统计规定	执行时间
1	SO_2	10 分钟	500 μg/m^3（191 ppb）	允许超标频率 526 次	自 2009 年 12 月 24 日
		1 小时	350 μg/m^3（134 ppb）	允许超标频率 88 次	自 2009 年 12 月 24 日
		24 小时	125 μg/m^3（48 ppb）	允许超标频率 4 次	自 2009 年 12 月 24 日
		1 年	50 μg/m^3（19 ppb）	0 次	自 2009 年 12 月 24 日
2	NO_2	1 小时	200 μg/m^3（106 ppb）	允许超标频率 88 次	自 2009 年 12 月 24 日
		1 年	40 μg/m^3（21 ppb）	0 次	自 2009 年 12 月 24 日
3	PM_{10}	24 小时	120 μg/m^3	允许超标频率 4 次	2009 年 12 月 24 日至 2014 年 12 月 31 日
		24 小时	75 μg/m^3	允许超标频率 4 次	自 2015 年 1 月 1 日
		1 年	50 μg/m^3	0 次	2009 年 12 月 24 日至 2014 年 12 月 31 日
		1 年	40 μg/m^3	0 次	自 2015 年 1 月 1 日
4	O_3	8 小时	120 μg/m^3（61 ppb）	允许超标频率 11 次	自 2009 年 12 月 24 日

续表

序号	污染物项目	平均时间	浓度限值	达标统计规定	执行时间
5	苯	1年	10 μg/m³（1.6 ppb）	0次	2009年12月24日至2014年12月31日
		1年	5 μg/m³（1.6 ppb）	0次	自2015年1月1日
6	Pb	1年	0.5 μg/m³	0次	自2009年12月24日
7	CO	1小时	30 mg/m³（26 ppm）	允许超标频率88次	自2009年12月24日
		8小时	10 mg/m³（8.7 ppm）	允许超标频率11次	自2009年12月24日
8	$PM_{2.5}$	24小时	65 μg/m³	允许超标频率4次	2012年6月29日至2015年12月31日
		24小时	40 μg/m³	允许超标频率4次	2016年1月1日至2029年12月31日
		24小时	25 μg/m³	允许超标频率4次	自2030年1月1日
		1年	25 μg/m³	0次	2012年6月29日至2015年12月31日
		1年	20 μg/m³	0次	2016年1月1日至2029年12月31日
		1年	15 μg/m³	0次	自2030年1月1日

注：1. 质量浓度限值按照大气温度 298.15 K，大气压力 1 013.25 hPa 折算。

2. “平均时间”指确定平均值的时间长度。

3. “超标频率”指与某一限值相关的频率（次数 / 时间），该限值表示在特定监测位置处的容许超标，即如果限值的超标在公差范围内，则仍符合本标准。

4. “限值”指以科学认知为基础，以减少对人类健康（或环境或两者）的有害影响为目的，在规定的遵守期限内达到，一经达到不得超过的水平。

（六十二）埃及

1. 标准简介

1994年，埃及颁布1994年4号法《环境法》，该法要求设立埃及环境事务署（Egyptian Environmental Affairs Agency，EEAA）。在该法的《实施条例》（Executive Regulation）中规定了二氧化硫、二氧化氮、臭氧、一氧化碳、悬浮颗粒、总悬浮颗粒物、PM_{10}、铅 8 种污染物的环境空气标准限值。埃及分别于 2005 年和 2009 年修订了《环境法》，但并未对空气质量标准限值进行修订。

2. 现行标准主要内容

现行标准规定了污染物项目、平均时间及最大浓度限值等内容。

3. 现行标准控制项目及限值

现行埃及空气质量标准规定了二氧化硫、二氧化氮、臭氧、一氧化碳、悬浮颗粒、总悬浮颗粒物、PM_{10}、铅等 8 个污染物项目及标准限值。

表 3-140　空气质量标准限值（埃及）

序号	污染物项目	平均时间	浓度限值
1	SO_2	1 小时平均	350 μg/m³
		24 小时平均	150 μg/m³
		年平均	60 μg/m³
2	NO_2	1 小时平均	400 μg/m³
		24 小时平均	150 μg/m³
3	O_3	1 小时平均	200 μg/m³
		8 小时平均	120 μg/m³
4	CO	1 小时平均	30 mg/m³
		8 小时平均	10 mg/m³
5	BS	24 小时平均	150 μg/m³
		年平均	60 μg/m³
6	TSP	24 小时平均	230 μg/m³
		1 年平均	90 μg/m³
7	PM_{10}	24 小时平均	70 μg/m³
8	Pb	年平均	1 μg/m³

参考文献

[1] 中国驻埃及大使馆经济商务处．对外投资合作国别（地区）指南埃及 [EB/OL]. [2020-10-01]. http://www.mofcom.gov.cn/dl/gbdqzn/ upload/aiji.pdf.

（六十三）赞比亚

1. 标准简介

1996 年，赞比亚政府颁布《环境保护和污染控制法》，其中规定由环境委员会制定空气质量标准。之后环境委员会颁布实施了适用于全国的环境空气质量标准，该标准规定了二氧化硫、氮氧化物、PM_{10}、铅、一氧化碳、降尘、总悬浮颗粒物等 7 种污染物的标准限值。2014 年赞比亚修订《环境保护和污染控制法》，发布《环境管理和协调（空气质量）法规》，修订空气质量标准，新增了二氧化氮、悬浮颗粒物、$PM_{2.5}$、总挥发性有机化合物、非甲烷总烃、臭氧等 6 个空气污染物项目及限值，取消了降尘、总悬浮颗粒物等 2 个空气污染物项目及标准限值，将控制项目二氧化硫改为硫氧化物。

2. 现行标准主要内容

现行标准规定了制定的法律依据、污染物项目、平均时间及浓度限值、达标统计规定、监测要求等内容。

3. 现行标准保护对象

在全国范围内执行空气质量标准，将功能区分为 3 类：工业区，住宅、农村和其他区域，控制区。

4. 现行标准控制项目及限值

现行赞比亚空气质量标准规定了硫氧化物、氮氧化物、二氧化氮、悬浮颗粒物、PM_{10}、$PM_{2.5}$、铅、一氧化碳、硫化氢、总挥发性有机化合物、非甲烷总烃、臭氧等 12 个污染物项目及浓度限值（表 3-141），在全国范围内实施。

表 3-141　环境空气质量标准限值（赞比亚）

序号	污染物项目	平均时间	浓度限值			达标统计规定
			工业区	住宅、农村和其他区域	控制区	
1	SO_x（以 SO_2 计）	年平均①	80 μg/m³	60 μg/m³	15 μg/m³	—

续表

序号	污染物项目	平均时间	浓度限值			达标统计规定
			工业区	住宅、农村和其他区域	控制区	
1	SO_x（以 SO_2 计）	24 小时平均	125 μg/m³	80 μg/m³	30 μg/m³	不能连续超过 2 天；每年 24 小时平均第 98 个百分位数不能超标
		年平均	—	0.019 ppm/（50 μg/m³）	—	—
		24 小时平均	—	0.048 ppm/（125 μg/m³）	—	—
		瞬间峰值	—	500 μg/m³	—	—
		瞬间峰值（10 min）	—	0.191 ppm（500 μg/m³）	—	—
2	NO_x（以 NO_2 计）	年平均[①]	80 μg/m³	60 μg/m³	15 μg/m³	—
		24 小时平均	150 μg/m³	80 μg/m³	30 μg/m³	不能连续超过 2 天；每年 24 小时平均第 98 个百分位数不能超标
		年平均	—	0.2 ppm（376 μg/m³）	—	—
		月平均	—	0.3 ppm（564 μg/m³）	—	—
		24 小时平均	—	0.4 ppm（753 μg/m³）	—	—
		小时平均	—	0.8 ppm（1 505 μg/m³）	—	—
		瞬间峰值	—	1.4 ppm（2 822 μg/m³）	—	—
3	NO_2	年平均	150 μg/m³	0.05 ppm（94 μg/m³）	—	—
		月平均	—	0.08 ppm（151 μg/m³）	—	—
		24 小时平均	100 μg/m³	0.1 ppm（188 μg/m³）	—	—

续表

序号	污染物项目	平均时间	浓度限值			达标统计规定
			工业区	住宅、农村和其他区域	控制区	
3	NO_2	小时平均	—	0.2 ppm（376 μg/m^3）	—	—
		瞬间峰值	—	0.5 ppm（941 μg/m^3）	—	—
4	SPM	年平均①	360 μg/m^3	140 μg/m^3	70 μg/m^3	—
		24 小时平均	500 μg/m^3	200 μg/m^3	100 μg/m^3	不能连续超过 2 天；每年 24 小时平均第 98 个百分位数不能超标
		年平均	—	100 μg/m^3	—	—
		24 小时平均②	—	180 μg/m^3	—	—
5	PM_{10}	年平均①	70 μg/m^3	50 μg/m^3	50 μg/m^3	—
		24 小时平均	150 μg/m^3	100 μg/m^3	75 μg/m^3	不能连续超过 2 天；每年 24 小时平均第 98 个百分位数不能超标
6	$PM_{2.5}$	年平均	35 μg/m^3	—	—	—
		24 小时平均	75 μg/m^3	—	—	—
7	Pb	年平均①	1.0 μg/m^3	0.75 μg/m^3	0.5 μg/m^3	—
		24 小时平均	1.5 μg/m^3	1.0 μg/m^3	0.75 μg/m^3	不能连续超过 2 天；每年 24 小时平均第 98 个百分位数不能超标
8	CO	8 小时平均	5 mg/m^3	2 mg/m^3	1 mg/m^3	不能连续超过 2 天；每年 24 小时平均第 98 个百分位数不能超标
		1 小时平均	10 mg/m^3	4 mg/m^3	2 mg/m^3	—
9	H_2S	24 小时平均	150 μg/m^3	—	—	不能连续超过 2 天；每年 24 小时平均第 98 个百分位数不能超标

续表

序号	污染物项目	平均时间	浓度限值			达标统计规定
			工业区	住宅、农村和其他区域	控制区	
10	TVOC	24 小时平均	600 μg/m³	—	—	不能连续超过 2 天；每年 24 小时平均第 98 个百分位数不能超标
11	NMHC	瞬间峰值	700 ppm	—	—	—
12	O_3	1 小时平均	200 μg/m³	0.12 ppm（236 μg/m³）	—	—
		8 小时（瞬间峰值）	120 μg/m³	1.25 ppm（2 454 μg/m³）	—	—

注：①年均浓度为 1 年中至少监测 104 次的年度算术平均值，每周两次 24 小时监测，以均匀间隔进行。

②年均浓度每年不得超过 1 次。

③无论何时何地如果两次连续超标，均须进行定期 / 持续监测和进一步调查。

④质量浓度按照大气温度 273 K，大气压力 1 013 hPa 折算。

参考文献

[1] Mulenga M C. Air pollution regulations new to Zambia[J]. The Environmentalist, 1999,19:197–201.

[2] Schwela D. Review of Urban Air Quality in Sub-Saharan Africa Region: Air Quality Profile of SSA Countries[EB/OL]. (2012)[2020-10-01]. https://openknowledge.worldbank.org/server/api/core/bitstreams/dd5e77ef-9c55-5243-88fb-1b2ac201f186/content.

[3] Environmental Management and Coordination (Air Quality) Regulations [EB/OL]. (2014)[2020-10-01]. https://climate-laws.org/document/environmental-management-and-coordination-air-quality-regulations_788d.

（六十四）肯尼亚

1. 标准简介

1999 年，肯尼亚颁布了《环境管理与协调法》（EMCA），要求根据 EMCA 设立国家环境管理局（National Emergency Management Association，NEMA），制定发布环境空气质量标准。2014 年肯尼亚修订《环境管理和协调（空气质量）法规》，颁布实施了环境空气质量标准，规定了硫氧化物、氮氧化物、二氧化氮、悬浮颗粒物、PM_{10}、$PM_{2.5}$、铅、一氧化碳、硫化氢、总挥发性有机化合物、非甲烷总烃、臭氧等12个空气污染基本项目及标准限值。

2. 现行标准主要内容

现行标准规定了制定的法律依据、污染物项目、平均时间及浓度限值、达标统计要求、监测要求等内容。

3. 现行标准保护对象

在全国范围内执行空气质量标准，将功能区分为3类：工业区，住宅、农村和其他区域，控制区。

4. 现行标准控制项目及限值

现行肯尼亚空气质量标准规定了硫氧化物、氮氧化物、二氧化氮、悬浮颗粒物、PM_{10}、$PM_{2.5}$、铅、一氧化碳、硫化氢、总挥发性有机化合物、非甲烷总烃、臭氧等12个基本项目及标准限值（表3-142），在全国范围内实施。

表3-142　环境空气污染物基本项目浓度限值（肯尼亚）

序号	污染物项目	平均时间	浓度限值				达标统计规定
			工业区	住宅、农村和其他区域（原文）	住宅、农村和其他区域（折算）	控制区	
1	SO_x	年平均	80 μg/m³	60 μg/m³	—	15 μg/m³	—
		24小时平均	125 μg/m³	80 μg/m³	—	30 μg/m³	不能连续超过2天；每年24小时平均第98百分位数
		年平均	—	0.019 ppm/（50 μg/m³）	—	—	—
1	SO_x	24小时平均	—	0.048 ppm/（125 μg/m³）	—	—	—
		瞬间峰值	—	500 μg/m³	—	—	—
		瞬间峰值（10 min）	—	0.191 ppm	500 μg/m³	—	—

续表

序号	污染物项目	平均时间	浓度限值				达标统计规定
			工业区	住宅、农村和其他区域（原文）	住宅、农村和其他区域（折算）	控制区	
2	NO_x	年平均	80 μg/m³	60 μg/m³	—	15 μg/m³	—
		24 小时平均	150 μg/m³	80 μg/m³	—	30 μg/m³	不能连续超过 2 天；每年 24 小时平均第 98 百分位数
		年平均	—	0.2 ppm	376 μg/m³	—	—
		月平均	—	0.3 ppm	564 μg/m³	—	—
		24 小时平均	—	0.4 ppm	753 μg/m³	—	—
		小时平均	—	0.8 ppm	1 505 μg/m³	—	—
		瞬间峰值	—	1.4 ppm	2 822 μg/m³	—	—
3	NO_2	年平均	150 μg/m³	0.05 ppm	94 μg/m³	—	—
		月平均	—	0.08 ppm	151 μg/m³	—	—
		24 小时平均	100 μg/m³	0.1 ppm	188 μg/m³	—	—
		小时平均	—	0.2 ppm	376 μg/m³	—	—
		瞬间峰值	—	0.5 ppm	941 μg/m³	—	—
4	SPM	年平均	360 μg/m³	140 μg/m³	—	70 μg/m³	—
		24 小时平均	500 μg/m³	200 μg/m³	—	100 μg/m³	不能连续超过 2 天；每年 24 小时平均第 98 百分位数
4	SPM	年平均	—	100 μg/m³	—	—	—
		24 小时平均	—	180 μg/m³	—	—	—
5	PM_{10}	年平均	70 μg/m³	50 μg/m³	—	50 μg/m³	—
		24 小时平均	150 μg/m³	100 μg/m³	—	75 μg/m³	不能连续超过 2 天；每年 24 小时平均第 98 百分位数
6	$PM_{2.5}$	年平均	35 μg/m³	—	—	—	—
		24 小时平均	75 μg/m³	—	—	—	—

续表

序号	污染物项目	平均时间	浓度限值				达标统计规定
			工业区	住宅、农村和其他区域（原文）	住宅、农村和其他区域（折算）	控制区	
7	Pb	年平均	1.0 μg/m^3	0.75 μg/m^3	—	0.5 μg/m^3	—
		24 小时平均	1.5 μg/m^3	1.0 μg/m^3	—	0.75 μg/m^3	不能连续超过 2 天；每年 24 小时平均第 98 百分位数
8	CO	8 小时平均	5 mg/m^3	2 mg/m^3	—	1 mg/m^3	不能连续超过 2 天；每年 24 小时平均第 98 百分位数
		1 小时平均	10 mg/m^3	4 mg/m^3	—	2 mg/m^3	—
9	H_2S	24 小时平均	150 μg/m^3	—	—	—	不能连续超过 2 天；每年 24 小时平均第 98 百分位数
10	TVOC	24 小时平均	600 μg/m^3	—	—	—	不能连续超过 2 天；每年 24 小时平均第 98 百分位数
11	NMHC	瞬间峰值	700 ppm	—	—	—	—
12	O_3	1 小时平均	200 μg/m^3	0.12 ppm	236 μg/m^3	—	—
		8 小时（瞬间峰值）	120 μg/m^3	1.25 ppm	2 454 μg/m^3	—	—

参考文献

[1] ENVIRONMENTAL MANAGEMENT AND CO-ORDINATION ACT, 1999 (ACT NO 8 OF 1999)[EB/OL]. [2020-10-01]. http://www.nema.go.ke/index.php?option=com_content&view=article&id=24&Itemid=163.

[2] THE ENVIRONMENT MANAGEMENT AND CO-ORDINATION (AIR QUALITY) REGULATIONS[EB/OL]. [2020-10-01]. http://www.nema.go.ke/index.php?option=com_content&view=arti cle&id=31&Itemid=171.

（六十五）尼日利亚

1. 标准简介

2014年12月，为了控制国家的空气质量，加强对动植物、人类健康和其他受到空气质量恶化影响的资源的保护，尼日利亚国家环境标准与法规执行局（National Environmental Standards and Regulations Enforcement Agency，NESREA）颁布了《国家环境（空气质量控制）条例》。该法规定了二氧化硫、二氧化氮、一氧化碳、PM_{10}、臭氧、铅、砷、镍、镉、氨气等10个空气污染物项目及标准限值。

2. 现行标准主要内容

现行标准规定了制定的法律依据、污染物项目、平均时间及浓度限值监测要求等内容。

3. 现行标准控制项目及限值

现行尼日利亚空气质量标准规定了二氧化硫、二氧化氮、一氧化碳、PM_{10}、臭氧、铅、砷、镍、镉、氨气等10个空气污染物项目及标准限值（表3-143），在全国范围内实施。

表 3-143 空气质量标准限值（尼日利亚）

序号	污染物项目	平均时间	浓度限值
1	SO_2	1小时平均	350 μg/m³
		24小时平均	120 μg/m³
		年平均	80 μg/m³
2	NO_2	1小时平均	200 μg/m³
		24小时平均	120 μg/m³
		年平均	80 μg/m³
3	CO	1小时平均	10 mg/m³
		8小时平均	5 mg/m³
4	PM_{10}	24小时平均	150 μg/m³
		年平均	60 μg/m³
5	O_3	1小时平均	180 μg/m³
		8小时平均	100 μg/m³

续表

序号	污染物项目	平均时间	浓度限值
6	Pb	24 小时平均	1.4 μg/m^3
		年平均	1.0 μg/m^3
7	As	年平均	6 000 μg/m^3
8	Ni	年平均	20 000 μg/m^3
9	Cd	年平均	5 000 μg/m^3
10	NH_3	24 小时平均	0.6 mg/m^3
		年平均	0.2 mg/m^3

参考文献

[1] NATIONAL ENVIRONMENTAL STANDARDS AND REULATIONS ENFORCEMENT AGENCY(ESTABLISHMENT). National environmental(air quality control) regulations, 2014[EB/OL]. [2020-10-01]. https://www.nesrea.gov.ng/wp-content/uploads/2020/02/air_quality_control.pdf.

六、国际组织

（六十六）欧盟

1. 标准简介

1996 年，欧盟理事会发布《关于环境空气质量评估和管理（空气质量框架指令）》（96/62/EC），其中要求委员会在 1999 年 12 月 31 日之前，建立包括二氧化硫、二氧化氮、PM_{10}、总悬浮颗粒物、铅、臭氧、苯、一氧化碳、镉、砷、镍、汞和多环芳烃等一系列污染物的标准限值。根据指令要求，欧洲议会和理事会于 1999 年 8 月发布 1999/30/EC 指令，规定了二氧化硫、二氧化氮、氮氧化物、PM_{10}、铅等 5 种污染物的环境空气质量标准限值；2000 年 11 月发布 2000/69/EC 指令，规定了苯、一氧化碳 2 种污染物的环境空气质量标准限值；2002 年 2 月发布了 2002/3/EC 指令，规定了臭氧污染物的环境空气质量标准限值；2004 年 12 月发布了 2004/107/EC 指令，规定了砷、镉、镍和苯并 [*a*] 芘等 4 种污染物的环境空气质量标准限值。

欧盟于 2008 年废除了先前发布的部分关于空气质量管理的指令，并由 2008/50/EC 指令代替。现行有效的标准为 2004/107/EC 指令和 2008/50/EC 指令。2008/50/EC 指令新增了 $PM_{2.5}$ 的环境空气质量标准限值，提出了延长 3 年（PM_{10}）或长达 5 年（二氧化氮、苯）的达标期限。

2015 年 8 月，欧盟发布了 2015/1480/EC 指令，修改了 2004/107/EC 指令和 2008/50/EC 指令的几个附件，规定了环境空气质量评估的参考监测方法、数据验证和采样点位置要求。

2. 现行标准主要内容

现行标准规定了环境空气污染物项目、平均时间及浓度限值、监测方法、数据统计有效性的规定、实施与监督等内容。适用于欧盟国家范围内参考性环境空气质量评价与管理。

3. 现行标准控制项目及限值

欧盟现行环境空气质量标准中，2004/107/EC 指令规定了镉、镍、砷和苯并 [*a*] 芘 4 个项目及标准限值（表 3-144）；2008/50/EC 指令规定了二氧化硫、一氧化碳、二氧化氮、臭氧、$PM_{2.5}$、PM_{10}、铅和苯 8 种污染物适用于保护人体健康的标准限值（表 3-145），以及二氧化硫、二氧化氮和臭氧 3 种污染物适用于保护植物的标准限值（表 3-146），供欧盟各成员国根据当地环境保护的需要，针对环境污染的特点，制定各国的环境空气质量标准参考。

表 3-144　欧盟镉、镍、砷和苯并 [*a*] 芘环境空气质量标准限值

序号	污染物项目	平均时间	浓度限值①	达标统计规定
1	镉（Cd）	年	5 ng/m^3	每年不允许超标
2	镍（Ni）	年	20 ng/m^3	每年不允许超标
3	砷（As）	年	6 ng/m^3	每年不允许超标
4	苯并 [*a*] 芘（BaP）	年	1 ng/m^3	每年不允许超标

注：① 1 个日历年中 PM_{10} 中总含量。

表 3-145　欧盟基于保护人体健康的基本污染物项目环境空气质量标准限值

序号	污染物项目		平均时间	浓度限值	达标统计规定
1	SO_2		24 小时值	125 μg/m^3	每年允许超标 3 天
			1 小时平均	350 μg/m^3	每年允许超标 24 天
			警报值	500 μg/m^3	—
2	NO_2		年平均	40 μg/m^3	每年不允许超标
			1 小时平均	200 μg/m^3	每年允许超标 18 天
			警报值	400 μg/m^3	—
3	O_3		8 小时平均（日最大）	120 μg/m^3	3 年平均允许超标 25 天
			1 小时平均	180 μg/m^3	—
			警报值	240 μg/m^3	—
4	CO		8 小时平均（日最大）	10 mg/m^3	每年不允许超标
5	PM_{10}		年平均	40 μg/m^3	每年不允许超标
			24 小时值	50 μg/m^3	每年允许超标 35 天
6	$PM_{2.5}$	责任暴露浓度，Exposure concentration obligation	年平均	25 μg/m^3	每年不允许超标
			3 年平均	20 μg/m^3	每年不允许超标
		暴露削减目标浓度	3 年平均	18 μg/m^3	每年不允许超标
7	Pb		年平均	0.5 μg/m^3	每年不允许超标
8	苯		年平均	5 μg/m^3	每年不允许超标

表 3-146　欧盟基于保护植被的环境空气质量标准限值

序号	污染物项目	平均时间	浓度限值
1	SO_2	年平均和冬季（11 月 1 日—3 月 1 日）平均	20 μg/m^3
2	NO_2	年平均	30 μg/m^3
3	O_3	5—7 月，5 年平均	AOT40：6 000 μg/（m^3·h）（小时浓度超过 80 μg/m^3 的部分的累积值）

参考文献

[1] THE COUNCIL OF THE EUROPEAN UNION. Council Directive 96/62/EC of 27 September 1996 on ambient air quality assessment and management[EB/OL]. (2008-06-11)[2020-10-01]. https://eur-lex.europa.eu/legal-content/EN/TXT/?uri=CELEX%3A31996L0062&qid=1694823174856.

[2] THE COUNCIL OF THE EUROPEAN UNION. Council Directive 1999/30/EC of 22 April 1999 relating to limit values for sulphur dioxide，nitrogen dioxide and oxides of nitrogen，particulate matter and lead in ambient air[EB/OL]. (2008-06-11)[2020-10-01]. https://eur-lex.europa.eu/legal-content/EN/TXT/?uri=CELEX%3A31999L0030&qid=1694823269609.

[3] THE COUNCIL OF THE EUROPEAN UNION. Directive 2000/69/EC of the European Parliament and of the Council of 16 November 2000 relating to limit values for benzene and carbon monoxide in ambient air[EB/OL]. (2008-06-11)[2020-10-01]. https://eur-lex.europa.eu/legal-content/EN/TXT/?uri=CELEX%3A32000L0069&qid=1694823060500.

[4] THE COUNCIL OF THE EUROPEAN UNION. Directive 2002/3/EC of the European Parliament and of the Council of 12 February 2002 relating to ozone in ambient air[EB/OL]. (2008-06-11)[2020-10-01]. https://eur-lex.europa.eu/legal-content/EN/TXT/?uri=CELEX%3A32002L0003&qid=1694823334004.

[5] THE COUNCIL OF THE EUROPEAN UNION. Directive 2004/107/EC of the European Parliament and of the Council of 15 December 2004 relating to arsenic, cadmium, mercury, nickel and polycyclic aromatic hydrocarbons in ambient air[EB/OL]. (2015-09-18)[2020-10-01]. https://eur-lex.europa.eu/legal-content/EN/TXT/?uri=CELEX:32004L0107.

[6] THE COUNCIL OF THE EUROPEAN UNION. Directive 2008/50/EC of the European Parliament and of the Council of 21 May 2008 on ambient air quality and cleaner air for Europe[EB/OL]. (2015-09-18)[2020-10-01]. https://eur-lex.europa.eu/legal-content/en/ALL/?uri=CELEX:32008L0050.

[7] THE EUROPEAN COMMISSION. Amending several annexes to Directives 2004/ 107/EC and 2008/50/ EC laying down the rules concerning reference methods，data validation and location of sampling points for the assessment of ambient air quality[EB/OL]. [2020-10-01]. https://eur-lex.europa.eu/legal-content/EN/TXT/?uri=CELEX%3A32015L1480.

（六十七）WHO

标准简介

为指导欧洲各国制定环境空气质量标准，防治污染，保护健康，1987 年世界卫生组织（WHO）欧洲事务办公室首次发布《欧洲空气质量指南》，规定了 12 种有机空气污染物和 16 种无机空气污染物的指导值，其中包括各国制定环境空气质量标准普遍规定的一般污染物项目一氧化碳、铅、二氧化氮、臭氧、二氧化硫、颗粒物。2000 年发布了第 2 版《欧洲空气质量准则》。修订后的《欧洲空气质量指南》，污染物项目增加至35项。鉴于全球很多国家参考《欧洲空气质量准则》，基于全球研究成果，2005年WHO发布了《空气质量指南》（2005全球升级版），规定了适用于全球的颗粒物、臭氧、二氧化氮和二氧化硫的指导值。2021年10月，基于2016年以来的全球最新研究成果，发布《空气质量指南》（2021全球升级版），修订了颗粒物、二氧化氮、臭氧、二氧化硫等污染物的指导值。其他有毒有害污染物的指导值仍采用《欧洲空气质量准则》（2000版）。

表3-147　WHO环境空气污染物项目浓度限值

污染物项目	平均时间	IT-1	IT-2	IT-3	IT-4	AQG
$PM_{2.5}$/（μg/m³）	年平均	35	25	15	10	5
	24小时平均	75	50	37.5	25	15
PM_{10}/（μg/m³）	年平均	70	50	30	20	15
	24小时平均	150	100	75	50	45
O_3/（μg/m³）	暖季峰值（6个月）	100	70	—	—	60
	日最大8小时平均	160	120	—	—	100
NO_2/（μg/m³）	年平均	40	30	20	—	10
	24小时平均	120	50	—	—	25
	1小时平均	—	—	—	—	200
SO_2/（μg/m³）	24小时平均	125	50	—	—	40
	10分钟平均	—	—	—	—	500
CO/（mg/m³）	24小时平均	7	—	—	—	4

表3-148　基于人类研究的致癌风险评估指导值

序号	污染物项目	单位危险度/（μg/m³）$^{-1}$	可接受风险度对应的浓度限值/（μg/m³）		IARC分级
			10^{-5}	10^{-6}	
1	丙烯腈	2×10^{-5}	—	—	2A

续表

序号	污染物项目	单位危险度 /（μg/m^3）$^{-1}$	可接受风险度对应的浓度限值 /（μg/m^3）		IARC 分级
			10^{-5}	10^{-6}	
2	砷	1.5×10^{-3}	6.6×10^{-3}	6.6×10^{-4}	1
3	苯	6×10^{-6}	1.7	0.17	1
4	丁二烯	未给出			2A
5	Cr^{6+}	4×10^{-2}	2.5×10^{-4}	2.5×10^{-5}	1
6	镍化合物	3.8×10^{-4}	2.5×10^{-2}	2.5×10^{-3}	1
7	多环芳香烃（BaP）	8.7×10^{-2}	1.2×10^{-4}	1.2×10^{-5}	—
8	耐火陶瓷纤维	1×10^{-6}（根纤维 /L^{-1}）	10（根纤维 /L^{-1}）	1（根纤维 /L^{-1}）	2B
9	三氯乙烯	4.3×10^{-7}	23	2.3	2A
10	氯乙烯	1×10^{-6}	10	1	1

表 3-149　基于非致癌风险的影响个别物质的指导值

序号	污染物	可观察效应水平 /（mg/m^3）	不确定因子	准则值或允许浓度 /（μg/m^3）	平均时间
1	镉	—	—	5×10^{-3}	1 年
2	二硫化碳	10（LOAEL）	100	100	24 小时
		0.2（OT）	—	20	30 分钟
3	一氧化碳	—	—	100×10^3	15 分钟
				60×10^3	30 分钟
				30×10^3	1 小时
				10×10^3	8 小时
4	1,2- 二氯乙烷	700（LOAEL）	—	0.7×10^3	24 小时
5	二氯甲烷	—	—	3×10^3	24 小时
				450	7 天
6	氟化物	未给出			

续表

序号	污染物	可观察效应水平 / (mg/m^3)	不确定因子	准则值或允许浓度 / ($\mu g/m^3$)	平均时间
7	甲醛	0.1（NOAEL）	—	100	30 分钟
8	硫化氢	15（LOAEL）	100	150	24 小时
		（0.2～2.0）$\times 10^{-3}$（OT）	—	7	30 分钟
9	铅	—	—	0.5	1 年
10	锰	0.03（NOAEL）	50	0.15	1 年
11	汞	0.020（LOAEL）	20	1	1 年
12	二氧化氮	—	—	200	1 小时
13	臭氧	—	—	120	8 小时
14	颗粒物	—	—	剂量—反应	—
15	铂	未给出			
16	多氯联苯	未给出			
17	多氯二苯并二噁英和呋喃（PCDDs/PCDFs）	未给出			
18	苯乙烯	107（LOAEL）	400	260	7 天
		0.07（OT）	—	70	30 分钟
19	二氧化硫	—	—	500	10 分钟
				125	24 小时
				50	1 年
20	四氯乙烯	102（LOAEL）	400	250	24 小时
		8	—	8 000	30 分钟
21	甲苯	332（LOAEL）	1 250	260	7 天
		1（OT）	—	1 000	30 分钟
22	钒	0.02（LOAEL）	20	1	24 小时

表 3-150　其他污染物风险评估指导值

序号	污染物项目	单位危险度估计范围	浓度
1	石棉	10^{-6}～10^{-5} （30% 是吸烟人群的致肺癌风险） 10^{-5}～10^{-4}（间皮瘤）	500 根（纤维）/m^3
2	氡	3×10^{-5}～6×10^{-5}	≥100 Bq/m^3（年均值）
3	环境烟草烟雾	1×10^{-3}	未给出

参考文献

[1] World Health Organization. Air quality guidelines for Europe[S]. Copenhagen: WHO regional publications, 1987:175.

[2] World Health Organization. Air quality guidelines for Europe (second edition)[S/OL]. [2020-9-30]. https://apps.who.int/iris/handle/10665/107335?search-result=true&query=Air+quality+guidelines+for+Europe&scope=&rpp=10&sort_by=score&order=desc.

[3] World Health Organization. Air quality guidelines global update 2005 [S/OL]. Copenhagen: World Health Organization Regional Office for Europe, 2005[2020-9-30]. https://www.who.int/publications/i/item/WHO-SDE-PHE-OEH-06.02.

[4] World Health Organization. WHO global air quality guidelines: particulate matter (PM2.5 and PM10), ozone, nitrogen dioxide, sulfur dioxide and carbon monoxide. Geneva: World Health Organization, 2021 [S/OL]. [2021-9-30]. https://apps.who.int/iris/handle/10665/345329.